今すぐ使えるかんたん

ぜったいデキます!
メルカリ超入門

iPhone Android 両対応

Imasugu Tsukaeru Kantan Series
Mercari Cho-Nyumon Android / iPhone

技術評論社

本書の使い方

- 操作を大きな画面でやさしく解説！
- 便利な操作を「ポイント」で補足！
- 巻末の付録でもっと使いこなせる！

解説されている内容がすぐにわかる！

キーワードで商品を探そう

どのような操作ができるようになるかすぐにわかる！

メルカリでほしいものを探して購入しよう

何か欲しいものがあるとき、画面を眺めているだけでは見つけるのは難しいです。そこで検索機能を使えば、大量の商品の中から素早く探し出せます。

メルカリで商品を探すには

欲しいものが決まっている場合は、商品名やメーカー名などのキーワードを入力して探しましょう。
1つのキーワードだけでなく、複数のキーワードを入力することで、欲しい商品を絞り込むことができます。

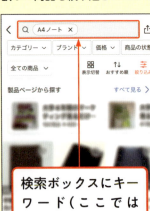

検索ボックスにキーワード（ここでは「A4ノート」）を入力して探します。

「A4ノート」「青」のように複数のキーワードを入力して絞り込むことができます。

- やわらかい上質な紙を使っているので、開いたら閉じにくい！
- オールカラーで操作を理解しやすい！

キーワードで検索する

大きな画面と操作のアイコンでわかりやすい！

① 「ホーム」画面上部にある検索ボックスをタップします。

② 商品名やメーカー名など、単語を入力し、キーボードの「検索」（Androidは 🔍 ）をタップすると単語が含まれる商品が表示されます。

便利な操作や注意事項が手軽にわかる！

ポイント
複数の単語で探す場合は、検索ボックスに1つの単語を入力した後、キーボードの「スペース」キーで空白を入れ、次の単語を入力します。

第2章 メルカリでほしいものを探して購入

今すぐ使えるかんたん　ぜったいデキます！ メルカリ超入門

Contents

本書の使い方 …………………………………………………………………… 2
目次 ……………………………………………………………………………… 4

第1章 メルカリを始めよう

Section 01 メルカリがどんなサービスか知ろう ………………………… 12
Section 02 メルカリで売り買いできるものを知ろう …………………… 14
Section 03 メルカリで使用できる支払い方法を知ろう ………………… 18
Section 04 メルカリのアプリをインストールしよう …………………… 20
Section 05 アカウントを作成しよう ……………………………………… 24
Section 06 メルカリの画面の見方を知ろう ……………………………… 30
Section 07 プロフィールを設定しよう …………………………………… 34
Section 08 住所を設定しよう ……………………………………………… 38
Section 09 本人確認をしよう ……………………………………………… 42
Section 10 メルカリの禁止事項を知っておこう ………………………… 48

第2章 メルカリでほしいものを探して購入しよう

Section 11	キーワードで商品を探そう	52
Section 12	新着商品を探そう	54
Section 13	商品の種類やブランド名で探そう	56
Section 14	商品の詳細情報を確認しよう	60
Section 15	出品者の情報を確認しよう	62
Section 16	商品に「いいね！」しよう	66
Section 17	「いいね！」した商品を確認しよう	68
Section 18	気になることを出品者に質問しよう	70
Section 19	商品を購入しよう	72
Section 20	購入後の流れを知ろう	80
Section 21	出品者を評価して取引を完了しよう	82

第3章 身の回りのものを出品してみよう

- Section 22　出品の準備をしよう ……………………………………… 86
- Section 23　出品してみよう ……………………………………………… 88
- Section 24　商品のバーコードを読み取って出品しよう ……………… 98
- Section 25　商品情報を下書きに保存しよう …………………………… 102
- Section 26　出品した商品を確認しよう ………………………………… 106
- Section 27　商品情報を編集しよう ……………………………………… 108
- Section 28　質問やコメントに答えよう ………………………………… 110

第4章 商品を梱包・発送して取引を完了しよう

- Section 29　商品が売れた後の流れを確認しよう ……………………… 114
- Section 30　発送の準備をしよう ………………………………………… 116
- Section 31　商品を梱包しよう …………………………………………… 118
- Section 32　商品を発送しよう …………………………………………… 120

Section 33	発送したことを購入者に通知しよう……122
Section 34	購入者を評価して取引を完了しよう……124
Section 35	売れた商品の代金を確認しよう……126

第5章 メルカリでの発送と梱包のやり方をもっとくわしく知ろう

Section 36	メルカリで利用できる発送方法を知ろう……130
Section 37	らくらくメルカリ便で発送しよう……132
Section 38	ゆうゆうメルカリ便で発送しよう……138
Section 39	梱包に便利なグッズを知ろう……142
Section 40	食器やガラス製品を梱包・発送しよう……144
Section 41	衣類を梱包・発送しよう……146
Section 42	コスメを梱包・発送しよう……148
Section 43	アクセサリーを梱包・発送しよう……150
Section 44	バッグや靴を梱包・発送しよう……152
Section 45	本やCD・DVDを梱包・発送しよう……154
Section 46	おもちゃや小物類を梱包・発送しよう……156

Section 47	植物を梱包・発送しよう	158
Section 48	スマホやカメラを梱包・発送しよう	160
Section 49	プリンター、テレビ、家具を発送しよう	162

第6章 メルペイの基本的な使い方を覚えよう

Section 50	メルペイについて知ろう	164
Section 51	メルペイにチャージしよう	166
Section 52	メルカリポイントを貯めよう	170
Section 53	メルペイ残高やポイントで商品を購入しよう	172
Section 54	売上金の振り込み申請をしよう	174

第7章 メルカリで上手に売り買いをするコツを知ろう

| Section 55 | 値下げの交渉をしよう | 178 |
| Section 56 | 商品写真を上手に載せるコツを知ろう | 180 |

Section 57	商品説明に書いておくべきことを知っておこう……184
Section 58	プロフィールを充実させて上手に取引しよう……186
Section 59	テンプレートを使ってメッセージのやり取りを楽にしよう…188

第8章 メルカリで困ったときの解決法を知ろう

Section 60	出品した商品を取り消したい……192
Section 61	購入した後にキャンセルしたい……193
Section 62	別の商品を送ってしまった・別の商品が届いた…194
Section 63	商品が届かない……195
Section 64	届いた商品が壊れていた……196
Section 65	届いた商品を返品したいと言われた……197
Section 66	購入されたのに支払いがない……198
Section 67	受取評価がされない……199
Section 68	対応できない要求をされた……200
Section 69	メルカリを退会したい……201

付　録

よく使うテンプレート文章一覧　……………………………………………………202
メルカリ用語集　………………………………………………………………………204
索引　……………………………………………………………………………………206

ご注意：ご購入・ご利用の前に必ずお読みください

● 本書に記載された内容は、情報提供のみを目的としています。したがって、本書を用いた運用は、必ずお客様自身の責任と判断によって行ってください。これらの情報の運用の結果について、技術評論社および著者はいかなる責任も負いません。

● ソフトウェアに関する記述は、特に断りのないかぎり、2024年8月現在での最新情報をもとにしています。これらの情報は更新される場合があり、本書の説明とは機能内容や画面図などが異なってしまうことがあり得ます。あらかじめご了承ください。

● 本書の内容については、以下の機器およびOSで制作・動作確認を行っています。他機種とは異なる場合があり、そのほかのエディションについては一部本書の解説と異なるところがあります。あらかじめご了承ください。
　　iPhone15 Pro
　　Xperia 10 IV

● インターネットの情報については、URLや画面などが変更されている可能性があります。ご注意ください。

以上の注意事項をご承諾いただいた上で、本書をご利用願います。これらの注意事項をお読みいただかずに、お問い合わせいただいても、技術評論社および著者は対処しかねます。あらかじめご承知おきください。

■本書に掲載した会社名、プログラム名、システム名などは、米国およびその他の国における登録商標または商標です。本文中では™、®マークは明記していません。

第1章

メルカリを始めよう

この章でできること

- メルカリの概要を知る
- メルカリのアカウントを作成する
- プロフィールを設定する
- 本人確認をする
- 禁止事項を確認する

01 メルカリがどんなサービスか知ろう

第1章 メルカリを始めよう

多くの人が利用している人気アプリ「メルカリ」。これから始める人のために、メルカリがどのようなもので、何ができるのかを説明します。

そもそもメルカリって何？

メルカリは、インターネットを使って品物の売り買いができるサービスです。たとえば、限定販売の福袋を買い逃した際、メルカリで探すと見つかる場合があります。また、子供が着られなくなった服や途中まで使用した化粧品などを売ることも可能です。

登録費や月会費はかかりません。費用が発生するのは「商品の購入代金」と「商品が売れたときの手数料」です。

スマホの「メルカリ」アプリの画面

メルカリでできること

● 購入

商品一覧にあるものは誰でも買えます。商品についての質問や値下げのお願いも可能です。

● 出品

自分で商品を出品して売ることもできます。保管していたものやサイズを間違えて購入したものでも出品できます。

● 売ったお金で買い物

商品を売って得たお金でメルカリの商品を買えます。また、実際のお店での買い物も可能です。

● 売ったお金の現金化

売って得たお金を実際のお金に変えられます。メルカリに申請すると、自分の銀行口座に振り込んでもらえます。

第1章 メルカリを始めよう

02 メルカリで売り買いできるものを知ろう

メルカリはネットショップとは異なり、新品だけでなく、中古品も売られています。使用済みでも必要とする人もいるのです。

メルカリのいろいろな出品物

メルカリには、衣類、電化製品、化粧品、おもちゃ、書籍、美術品など、さまざまなジャンルの商品が出品されています。

新品だけでなく中古品もあり、中には汚れやシミがあるものや故障しているものもあります。その中から「良いもの」「気に入ったもの」を見つけるのが、メルカリの楽しさです。

第1章 メルカリを始めよう

新品

不要品が新品として出品されています。

中古品

傷・シミ付きや破損しているものもあります。

メルカリで売買されているもの

● 衣類

さまざまな衣類があり、一時的に必要なドレスやコスプレの衣装なども買えます。また、季節はずれに安く買える場合もあります。

● バッグ・財布

ブランドのバッグやお財布の中古品がたくさん出品されています。商品情報をよく読んで、状態の良いものを選びましょう。

● コスメ

ファンデーションやアイシャドウなどが、中古品で出品されています。他人が使用したものでも「試しに使ってみたい」という人が購入します。

● 書籍

新刊から絶版まであり、特に受験・資格対策の本はよく売れます。バーコードを読み取って簡単に出品できるので、はじめての出品におすすめです。

● ゲーム機・ゲームソフト

ゲーム機やゲームソフトの売買が頻繁に行われています。古いゲーム機やゲームソフトも売れます。

● スマホ・スマホ関連グッズ

メルカリはスマホのアプリなので、スマホやスマホ関連グッズはよく売れます。海外からスマホグッズを仕入れて販売する人もいます。

● ハンドメイド

手作りのアクセサリーやバッグ、人形の服など、趣味で作ったグッズが売られています。インスタグラムで商品を紹介する人もいます。

● 植物

珍しい植物が手に入ることもあります。ただし、品種登録されている植物は種苗法により売買禁止なので、出品しないでください。

メルカリで売られている意外なもの

● トイレットペーパーの芯

トイレットペーパーの芯は、夏休みの工作やクラフト作品に使えます。ペットボトルのキャップ、アイスの棒、ワインコルクなども出品されています。

● 木の実

どんぐり、まつぼっくり、シダーローズなどの木の実も、ハンドメイドの材料や飾り物として購入されます。

● お酒の空瓶

お酒が入っていない空瓶がたくさん売られています。買う人は、コレクションやお店のディスプレイとして使用します。

● 空き箱・紙袋

スマホの空き箱は、スマホを出品する人が買っています。また、ブランド品の紙袋も人気があります。

03 メルカリで使用できる支払い方法を知ろう

商品代金を支払う方法は複数あり、購入する際に選択できます。クレジットカードや銀行口座を持っていなくてもコンビニ払いで支払えます。

支払手数料は必要？

メルカリで使える支払い方法は複数あり、決済手数料がかかるものもあります。

■ 決済手数料が無料
- クレジットカード払い　・ポイント払い
- メルペイ残高払い（売上金）　・Apple Pay　・FamiPay
- Amazon Pay　・メルペイあと払い/定額払い/メルカード

■ 決済手数料が有料
- コンビニ払い　・ATM払い　・キャリア決済

決済手数料	
～5,000円	100円
5,001円～10,000円	200円
10,001円～20,000円	300円
20,001円～30,000円	500円
30,001円～40,000円	700円
40,001円～	880円

※2024年8月時点

メルカリで使える支払い方法

● **ポイント・メルペイ残高払い**
キャンペーンでもらえるポイントで支払いができます。また、売上金（商品を売って得たお金）で支払うことが可能です。

● **クレジットカード払い**
決済手数料がかからず、商品代金以外の出費がないのでお得な支払い方法です。

● **コンビニ払い**
セブン-イレブン、ローソン、ファミリーマートなど、近所のコンビニで支払いができます。決済ごとに手数料がかかります。また、30万円以上の支払いはできません。

● **ATM払い**
ペイジー（Pay-easy）という仕組みを使い、銀行やショッピングセンターにあるATMやインターネットで支払いができます。決済ごとに手数料がかかり、10万円以上は使えません。

● **キャリア決済**
「ドコモのd払い」「かんたん決済（au/UQ mobile）」「ソフトバンクまとめて支払い」が使えます。

● **ビットコインの使用**
メルカリ内のビットコイン（仮想通貨）があり、増やしたビットコインで支払いができます。コンビニ払いやチャージ払いと併用はできません。

● **その他**
FamiPayやAmazon Pay、Apple Payでの支払いも可能で、手数料なしで使えます。

04 メルカリのアプリをインストールしよう

メルカリをはじめるには、スマホにアプリをインストールします。アプリのインストールは無料で行えます。

スマホに「メルカリ」アプリを入れる方法

「メルカリ」アプリは、無料でダウンロードできます。iPhoneはApp Storeから、Androidはplayストアで検索してインストールしましょう。

iPhoneはApp Storeで検索します。

AndroidはPlayストアで検索します。

iPhoneでインストールする方法

① iPhoneの「ホーム」画面で「App Store」をタップします。

② 画面下部の「検索」をタップします。

③ 上部のボックスに「メルカリ」と入力して、検索します。

④ 「メルカリ」アプリの「入手」を タップ します。

⑤ 「インストール」を タップ します。

Androidスマホでインストールする方法

1 「ホーム」画面にある「Playストア」をタップします。

2 検索ボックスに「メルカリ」と入力して検索します。

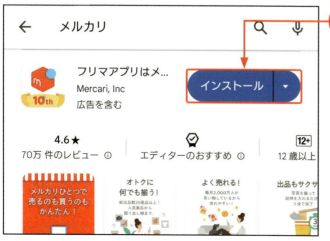

3 「インストール」をタップします。

05 アカウントを作成しよう

第1章 メルカリを始めよう

アカウントを作らなくても商品を見ることはできますが、売り買いしたり、コメントを付けたりするときにはアカウントが必要です。

アカウントを作る際の注意点

アカウント作成の際、携帯番号を入力して、「メッセージ」アプリでコードを受け取る必要があります。

なお、メルカリでは1人1アカウントという決まりがあり、他のスマホやパソコンで使う場合は同じアカウントで使うことになります。

iPhoneの「メッセージ」アプリです。

Androidの「メッセージ」アプリです。機種によってアイコンが異なります。

メルカリのアカウントを作成する

1 「ホーム」画面で「メルカリ」のアイコンをタップします。

2 「会員登録・ログイン」をタップします。

❸「メールアドレスで登録」をタップします。

❹ メールアドレスとパスワードを入力し、「次へ」をタップします。

ポイント

パスワードは、8文字以上を入力します。数字だけでなく半角の英字（A、B、a、b）や記号（#、％、$）も混ぜてください。忘れないようにメモを取っておきましょう。

⑤ メルカリで使うニックネームを入力します。招待コードがあれば入力します（Sec.52参照）。

> **ポイント**
> ニックネームは、本名ではなく好きな名前を入力しましょう。後で変更可能です。

⑥ 「本人情報の登録」画面で姓と名を入力します。カナは全角のカタカナで入力してください。

> **ポイント**
> 本人情報なので本名を入力します。他の人には知られないので安心してください。

7 画面を上に**スワイプ**👆します。

8 生年月日を**入力**👆します。

9 「次へ」を**タップ**👆します。

10 携帯電話の電話番号を**入力**👆して「次へ」を**タップ**👆します。メッセージが表示されたら「認証番号を送る」を**タップ**👆します。

11 「メッセージ」アプリに番号が送られてきます。

> **ポイント**
> 「メッセージ」アプリに番号が送られてくるので、開いてメモしましょう。番号が送られてこない場合は、電話番号の入力ミスが考えられます。メルカリ画面左上の「＜」をタップして入力し直してください。

12 「メルカリ」アプリに戻り、「認証番号」欄に先ほどの番号を入力します。

13 「認証して完了する」をタップします。

> **ポイント**
> この後、メールアプリにメールが届くので、「メールアドレスの認証」をタップしてください。

06 メルカリの画面の見方を知ろう

メルカリがはじめての人は、画面のどこに何があるかわからないと思います。はじめからすべてを覚えなくても大丈夫です。

メルカリの画面構成

メルカリの画面は、「ホーム」「さがす」「出品」「支払い」「はたらく」「マイページ」の画面で構成されていて、下部のボタンで切り替えて使用します。

ただし、「メルカリ」アプリは随時更新されるため、アイコンの形や名称が変わったり、新しいアイコンが追加されたりする場合があります。ここでは執筆時点（2024年8月）での画面で解説します。

● ホーム画面

上部

❶ **検索ボックス**：商品を探すときに使います。

❷ **お知らせ**：コメントが付いたときの通知やメルカリ事務局からのお知らせが表示されます。

❸ **やることリスト**：購入または商品が売れたときに、次にやるべきことが表示されます。

❹ **バー**：「マイリスト」「おすすめ」「キャンペーン」が並んでいて、**タップ** して切り替えることができます。

❺ **商品一覧**：商品の一覧が表示されます。

下部

❻ **ホーム**：メルカリのトップ画面（左ページの画面）が表示されます。

❼ **さがす**：商品の検索ができます。

❽ **出品**：出品するときに **タップ** します。

❾ **支払い**：メルカリの決済サービス「メルペイ」の使用、または管理ができます（なお、2025年4月時点では「おさいふ」として表示されるようになっています）。

❿ **はたらく**：空き時間に仕事ができます。

⓫ **マイページ**：商品管理やガイド、お問い合わせ、設定はここを **タップ** します（なお、2025年4月時点では「マイページ」は画面右上にある人型のアイコンを **タップ** して表示します）。

● さがす

カテゴリーやブランド、トレンドキーワード、検索履歴などから商品を探すことができます。

● 出品

出品には商品写真が必要ですが、その場で撮影することも、撮影済みの写真でも出品可能です。出品方法は第3章で説明します。

● 支払い

支払いや入金など、お金の管理で使います。お店でメルペイを使う場合はこの画面でバーコードを表示しましょう。メルペイについては第6章で説明します。

● はたらく

メルカリが提供している「メルカリ ハロ」という、空き時間に仕事ができるサービスを利用できます。

● マイページ

閲覧履歴や出品・購入一覧の確認ができ、設定の変更もこの画面から行います。また、メルカリ事務局への問い合わせやヘルプを見ることも可能です。

07 プロフィールを設定しよう

プロフィールは、メルカリ内での自己紹介のことです。プロフィールを設定した方が好感を持たれやすく、気持ちの良い取引ができます。

第1章 メルカリを始めよう

プロフィールの設定は必要？

商品を探している人は出品者がどんな人かをチェックして買うので、プロフィールが記載されていた方が売れやすいです。自己紹介だけでなく、出品物についての注意事項を記載してもかまいません。

また、プロフィールの画像はメルカリ内での自分の顔でもあり、メッセージにも表示されるので、印象のよい画像を設定しましょう。

プロフィール画面の名前の横に丸型のプロフィール画像が表示されます。

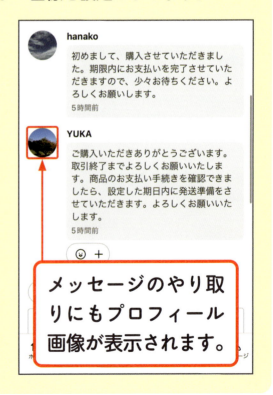

メッセージのやり取りにもプロフィール画像が表示されます。

プロフィールを編集する

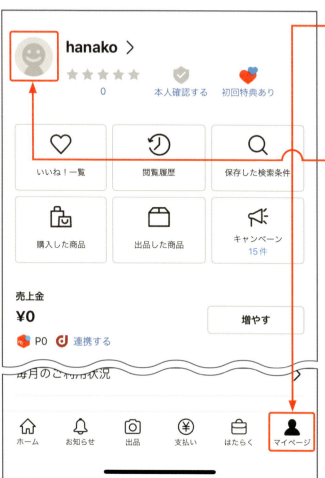

① 画面右下の「マイページ」を**タップ**します。

② 左上のアイコンを**タップ**します。

③ 「プロフィールを編集する」を**タップ**します。

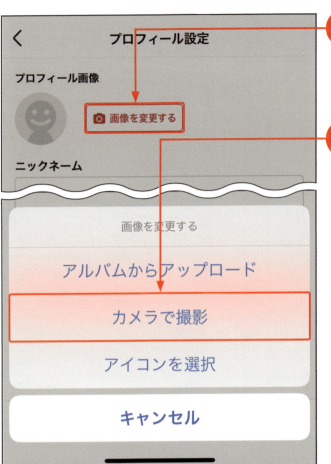

4 「画像を変更する」をタップ👆します。

5 「カメラで撮影」をタップ👆します。

> **ポイント**
> 撮影済みの写真を使う場合は、「アルバムからアップロード」をタップして選択します。

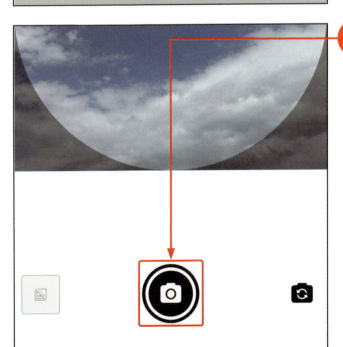

6 「カメラ」ボタンをタップ👆して写真を撮影します。カメラへのアクセス許可のメッセージが表示されたら「許可」をタップ👆します。

7 「完了」を タップ します。

ポイント
上手く撮れなかった場合は「撮り直し」をタップして再撮影してください。

8 「自己紹介文」を入力し、「更新する」をタップします。

9 左上の「＜」(Androidは「←」)をタップして戻ります。

08 住所を設定しよう

メルカリの商品の購入は早いもの勝ちです。スムーズに購入できるように、あらかじめ住所を設定しておきましょう。

住所を設定して大丈夫？

購入した商品を送ってもらうには、送り先の住所が必要です。事前に設定しておけば購入時に入力する手間を省けます。
メルカリには、出品者に住所を教えなくても商品を受け取れる「メルカリ便」という配送方法があるので安心です。

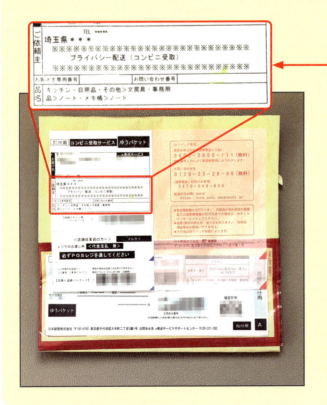

住所を知らせずに送ってもらう方法がありますが、商品を受け取るためには住所は必要です。

住所を入力する

1. 画面右下の「マイページ」をタップします。

2. 画面を上にスクロールして「個人情報設定」をタップします。

3. 「個人情報設定」画面で「住所一覧」をタップします。

ポイント

手順❸の画面で「支払い方法」をタップすると、いつも使う支払い方法を設定できます。後で設定するとよいでしょう。

第1章 メルカリを始めよう

4 「新しい住所を登録する」をタップします。

5 姓と名を入力します。全角のカタカナでカナを入力します。

> **ポイント**
> ここで入力する住所は、送り先の住所です。さらに、「新しい住所を登録する」をタップして実家や会社の住所など、複数の設定も可能です。

❻ 画面を上方向にスクロールし、住所と電話番号を入力 🫵 します。

❼ 「登録する」をタップ 🫵 します。

❽ 「＜」（Androidは「←」）をタップ 🫵 して戻ります。

09 本人確認をしよう

第1章 メルカリを始めよう

メルカリでは、利用者に安心・安全に使ってもらうために「本人確認」を推奨しています。操作が難しい場合は後で行っても大丈夫です。

本人確認をする理由

本人確認をしなくても商品の購入と販売は可能ですが、売ったお金をポイントに交換しないと買い物ができません。しかも、ポイントには有効期限があり、期限を過ぎると売上金が消えてしまいます。
本人確認をすれば、ポイントへの交換と有効期限を気にせずに利用できます。
また、身分証明書を使用しての本人確認なので、買うときも売るときも、他のユーザーに安心感を与えることができます。

プロフィール画面に「本人確認済」と表示されます。

出品物の出品者欄にも「本人確認済」と表示されます。

本人確認の手続きをする

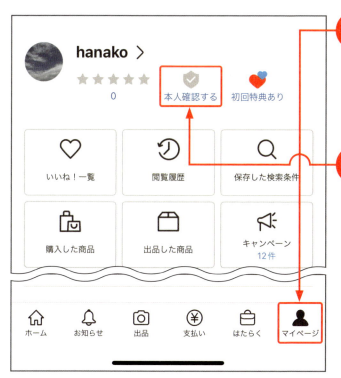

1. 画面右下の「マイページ」をタップします。

2. 「本人確認する」をタップします。

3. 「同意して次へ」をタップします。

④ 「国籍」を**タップ**し、「日本」を**タップ**します。

⑤ 「本人確認書類の選択に進む」を**タップ**します。

⑥ 確認書類を選択します。ここでは「運転免許証」を選択します。

ポイント

本人確認書類は、「マイナンバーカードを読み取る形式」と「書類と自分の顔を撮影する自撮り形式」があります。ここでは自撮り形式を説明しますが、「マイナンバーカードを読み取る形式」の方が簡単にできます。

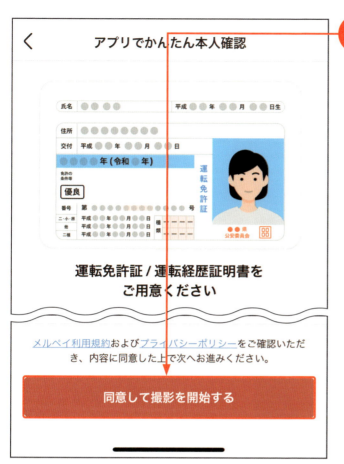

7 「同意して撮影を開始する」をタップ🖱します。

ポイント

「マイナンバーカード」を選択した場合は、スマホのレンズをマイナンバーカードに向けて「はじめる」をタップし、マイナンバーカードの作成時に登録した英数字6〜16桁のパスワードを入力します。マイナンバーカードのパスワードを忘れた場合は、住民登録している市区町村の窓口で初期化・再設定が必要です。

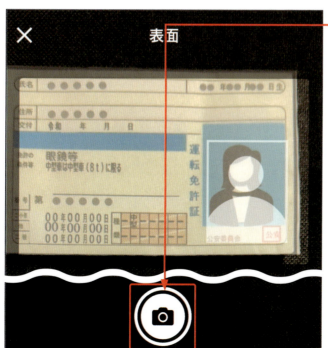

8 スマホのレンズを運転免許証の表面に置き、「撮影」ボタンをタップ🖱します。同様に裏面も撮影します。

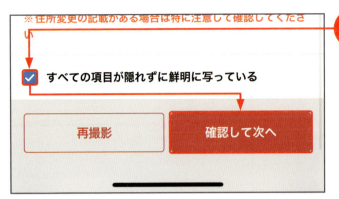

⑨「すべての項目が隠れずに鮮明に写っている」にチェックを付けて「確認して次へ」をタップ します。

⑩「カードの厚みを撮影する」をタップ し、撮影ボタンをタップ して撮影します。次の画面で、再度表面を撮影します。

ポイント

運転免許証を手に持ち、撮影ボタンをタップします。表示されている枠に合わせて厚みがわかるように動かします。

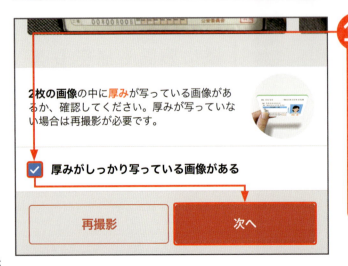

⑪ 厚みが写っている写真があるかを確認し、「厚みがしっかり写っている画像がある」にチェックを付けて「次へ」をタップ します。

⑫ 「インカメラでの撮影をはじめる」をタップ 👆 し、自分の顔を撮影します。

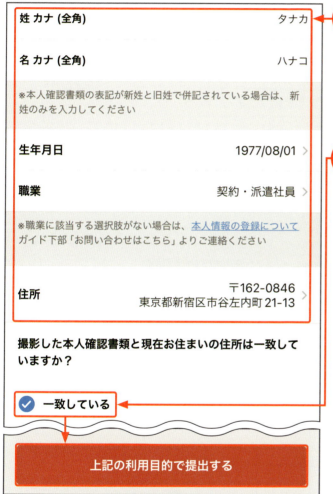

⑬ 運転免許証に記載されている氏名や住所を入力 👆 します。

⑭ 「一致している」にチェックを付けて「上記の利用目的で提出する」をタップ 👆 します。

> **ポイント**
> ここで間違えて設定してしまうと、後で本人確認書類の提出が必要になるので正確に入力してください。

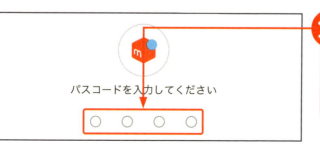

⑮ パスコード（任意の数字4桁）を設定します。

10 メルカリの禁止事項を知っておこう

メルカリを始める前に、利用規約を確認しましょう。規約に違反した場合、利用を制限されたり強制的に退会させられる場合もあります。

なんでも出品できるとは限らない

メルカリは、すべてのユーザーが安心・安全に利用できるように、禁止事項を明確に設けています。また、さまざまなジャンルの商品を出品できるメルカリですが、一部出品できないものもあります。取引を始める前に確認しておきましょう。

禁止されている行為

メルカリは、誰でも簡単に商品を売ったり買ったりできるフリマサービスです。
多くの方々が安心して安全な取引ができるよう、以下の行為を禁止しています。

これらの行為が確認された場合には、利用制限等の措置を取る場合があります。
利用制限に関する詳細は、アカウントの利用制限をご確認ください。

取引

- メルカリで用意された以外の決済方法を促すこと
- 商品の詳細がわからない取引
- メルカリが用意した取引の流れに沿わない行為
- マネーロンダリングが疑われる行為
- 商品の出品者自身や親族、その他関係者などが購入すること

禁止されている出品物

メルカリは、誰でも簡単に商品を売ったり買ったりできるフリマサービスです。
多くの方々が安心して安全な取引ができるよう、以下の出品物を禁止しています。

これらの出品が確認された場合には、利用制限等の措置を取る場合があります。
利用制限に関する詳細は、アカウントの利用制限をご確認ください。

- 電子チケットや電子クーポン、QRコードなどの電子データ
- ダウンロードコンテンツやデジタルコンテンツなどの電子データ
- 新型コロナウイルスの影響に伴い、取引が禁止されている商品
- 偽ブランド品、正規品と確証のないもの
- 知的財産権を侵害するもの
- 盗品など不正な経路で入手した商品
- 犯罪や違法行為に使用される可能性があるも

禁止行為（一部）

● **「返品できない」と書くのはNG**
メルカリでは、商品に問題があった場合は返品に応じなければいけません。そのため、商品欄に「返品不可」「ノークレーム（NC）」「ノーリターン（NR）」「ノーキャンセル（NC）」などの記載は不可です

● **手元にない商品は出品不可**
「これから取り寄せるもの」や「発売前のチケット」など、手元にない商品は出品できません。Amazonや楽天市場などのショッピングサイトから直接発送することも禁止です。

● **他サイトへの誘導は禁止**
SNSや外部サイトへ誘導したり、外部サイトのURLを説明欄に記載したりすることは禁止されています。LINEやメルマガへの誘導もできません。

● **複数アカウントは使用不可**
複数のアカウントを作成したり、他人のアカウントを利用することはできません。

> **ポイント**
> 禁止されている出品物は、「マイページ」画面の「ヘルプセンター」→「購入」→「禁止商品・禁止行為」→「禁止されている出品物」に記載されています。

禁止されている出品物（一部）

● 電子チケットやQRコード
電子チケットなどの電子データはトラブルの元なので禁止です。カフェのギフトコードやアプリのダウンロードコードなどもNGです。

● 18禁・アダルト・使用済み下着・学生服など
成人向けのDVDや雑誌、アダルト商品は、青少年保護・育成および衛生上の観点から禁止です。また、使用済みの下着やスクール水着、体操着、学生服類も出品不可です。

● 医薬品、医療機器
医薬品医療機器等法により許可なしで医薬品を販売できません。薬の空ボトル、コンタクトレンズ、マッサージ器、動物用医薬品、法令に抵触するサプリメントも出品できません。

● 現金・金券類・カード類
残高のあるプリペイドカード（QUOカード、図書カード、テレフォンカード）、チャージ済みプリペイドカード（Suicaやnanacoなど）、オンラインギフト券（iTunesカード、Amazonギフト券など）、商品券、航空券、宝くじ、勝馬投票券などは禁止です。

ポイント

上にあげたものの他、「知的財産権を侵害するもの」「生の食肉や魚介類・保険所等の許可がない加工食品」「無許可の手作り化粧品・小分けの化粧品類」「たばこ・葉巻・ニコチンが含まれる電子たばこ」「情報教材、本人が行うべき行為の代行、宿題、別荘の貸し出し」なども出品できません。

第2章

メルカリでほしいものを探して購入しよう

この章でできること

- 商品を検索する
- 「いいね！」を付ける
- 出品者に質問をする
- 商品を購入する
- 評価を付ける

11 キーワードで商品を探そう

何か欲しいものがあるとき、画面を眺めているだけでは見つけるのは難しいです。そこで検索機能を使えば、大量の商品の中から素早く探し出せます。

メルカリで商品を探すには

欲しいものが決まっている場合は、商品名やメーカー名などのキーワードを入力して探しましょう。
1つのキーワードだけでなく、複数のキーワードを入力することで、欲しい商品を絞り込むことができます。

検索ボックスにキーワード（ここでは「A4ノート」）を入力して探します。

「A4ノート」「青」のように複数のキーワードを入力して絞り込むことができます。

キーワードで検索する

① 「ホーム」画面上部にある検索ボックスを**タップ**します。

② 商品名やメーカー名など、単語を**入力**し、キーボードの「検索」(Androidは🔍)を**タップ**すると単語が含まれる商品が表示されます。

> **ポイント**
> 複数の単語で探す場合は、検索ボックスに1つの単語を入力した後、キーボードの「スペース」キーで空白を入れ、次の単語を入力します。

12 新着商品を探そう

人気の商品はすぐに売れてしまいます。新着商品をチェックすれば、早く買える可能性があります。

出品された直後の商品がねらい目

メルカリでは、新しい商品が次から次へと出品されます。売れ残っている商品よりも、新しく出品された商品の方が良いものである可能性が高いです。

「ホーム」画面下部に「新しい商品」と表示されている場合は、**タップ**すると出品したばかりの商品が表示されます。

「新しい商品」と表示されている場合は**タップ**します。

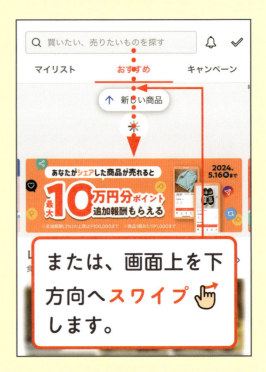

または、画面上を下方向へ**スワイプ**します。

キーワード検索で最新の出品物を表示する

① Sec.11のようにキーワードで検索したい場合は、「おすすめ順」をタップ🫳します。

②「新しい順」をタップ🫳すると新着順で表示されます。

13 商品の種類やブランド名で探そう

キーワードで検索してもよいですが、「スカート」「ジャケット」のようにカテゴリーで探す方法もあります。また、ブランド名から探すことも可能です。

目的の商品は絞り込んで探すのがおすすめ

たとえば、「レディースのジャケットが欲しい」という場合、カテゴリーを絞って検索した方が早く見つかります。また、特定のブランドの商品が欲しい場合は、ブランド名から探すことも可能です。

カテゴリーで検索

ブランド名で検索

カテゴリーで商品を検索する

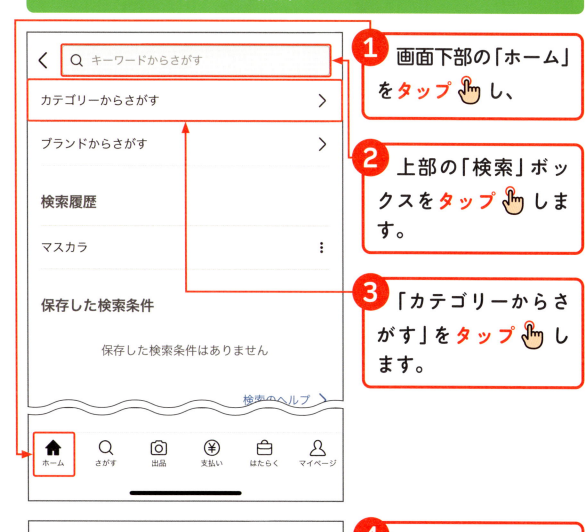

1. 画面下部の「ホーム」を タップ し、
2. 上部の「検索」ボックスを タップ します。
3. 「カテゴリーからさがす」を タップ します。

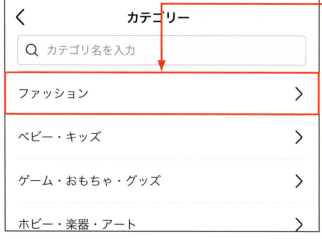

4. 欲しい商品のジャンルを タップ します。ここでは「ファッション」を タップ します。

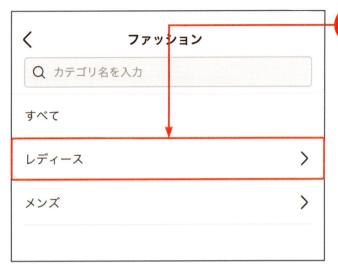

5 「レディース」を**タップ**👆します。

6 「すべて」を**タップ**👆します。

7 さらに絞りこむには「トップス」や「ジャケット・アウター」などを**タップ**👆します。

ポイント

ジャンルによっては、細かく分類されています。たとえば、レディースファッションの場合、「スカート」→「ロングスカート」→「フレアスカート」のようにタップしていくと、フレアスカートの商品一覧が表示されます。

ブランド名で検索する

① P.57の手順❶の画面で、「ブランドからさがす」を**タップ**します。

② 目的のブランドがある場合はチェックを付けて（画面では「アーヴェヴェ」）「検索する」を**タップ**します。

ポイント

手順❷のブランドで検索した後に、検索ボックスにキーワードを入力して絞り込むこともできます。

14 商品の詳細情報を確認しよう

「届いた商品が思っていたのと違った」ということはよくあります。商品情報を事前によく確認してから購入しましょう。

商品情報は必ず確認する

新品同様だと思って買ったのに、届いたら使用済だったり、傷があったりするとガッカリです。商品を購入する前に、必ず商品情報を読みましょう。「商品の説明」と「商品の状態」の確認は必須です。

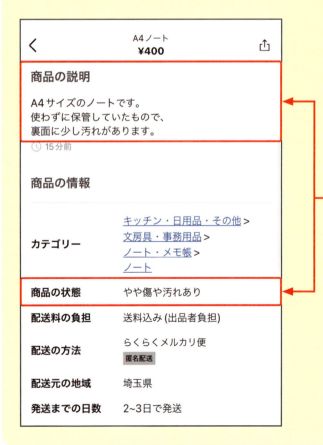

商品の説明と商品の状態は必ず確認しましょう。

商品の詳細情報を確認する

1. 欲しい商品を**タップ**します。

2. 下から上へ**スワイプ**すると商品情報を確認できます。

15 出品者の情報を確認しよう

買い物で失敗しないためには、商品情報だけでなく出品者の情報も確認しましょう。出品者の評価欄を見れば、その人が信頼できるかわかります。

出品者のプロフィールと評価を確認する

商品説明だけでなく、出品者のプロフィールも確認しましょう。「発送は月、木のみです」や「セット割引します」など、大事なことが書いてあるかもしれません。

また、過去に購入した人が付けた評価を見れば、安心して取引できるかがわかります。

プロフィールを確認しましょう。

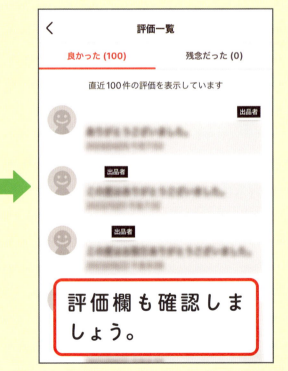

評価欄も確認しましょう。

出品者のプロフィールを見る

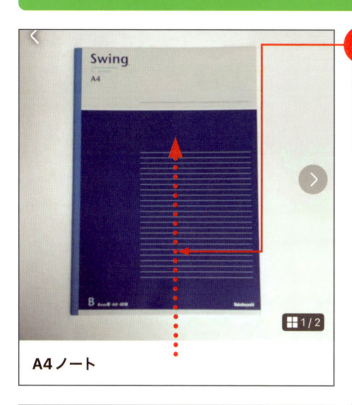

❶ 商品を **タップ** して表示し、下から上へ **スワイプ** します。

❷ 出品者の名前の部分を **タップ** します。

> **ポイント**
> 手順❷では、評価数と本人確認済かどうかを確認できますが、さらに詳しい情報を見るためにタップします。

③ 出品者のプロフィール画面が表示されます。「もっと見る」をタップ します。

ポイント

手順❸では、出品数やフォロワー数などを確認できます。プロフィール文の一部のみが表示されているので、「もっと見る」をタップして確認します。

④ 注意事項や説明を読むことができます。

出品者の評価を見る

1. 出品者のアイコンの下にある ⭐ を **タップ** します。

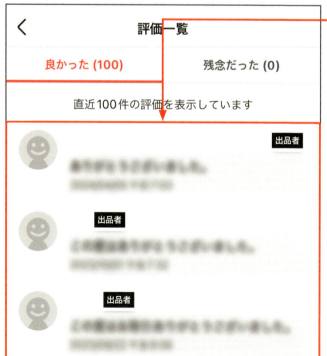

2. 評価コメントを見ることができます。

> **ポイント**
>
> 直近100件の評価が表示されています。悪い評価は、手順 ❷ で「残念だった」をタップすると見ることができます。

16 商品に「いいね！」しよう

「いいね！」は、商品に付ける印のようなものです。「他の人の商品も見てみよう」「家に帰ってから購入しよう」というときに使うと便利です。

気になる商品があったら「いいね！」を付ける

メルカリの商品はたくさんあるので、一度見た商品をまた見たいと思ったときに、なかなか見つからないときがあります。そのような場合に役立つのが、赤いハートマークの「いいね！」です。

「いいね！」を付けた商品は、赤いハートマークが表示されます。

「いいね！」を設定する

1 商品を**タップ**します。

ポイント
商品説明欄やプロフィールに、「購入意思がない人はいいね！禁止」と記載されている場合もあるので気を付けましょう。

2 商品の下にある「いいね！」を**タップ**して赤いハートにします。

ポイント
再度「いいね！」をタップすると、「いいね！」を取り消すことができます。

17 「いいね！」した商品を確認しよう

「いいね！」を付けた商品を確認したり、購入しようと思ったときは、「いいね！一覧」から開きます。一覧で「いいね！」の取り消しも可能です。

「いいね！一覧」画面

「いいね！」を付けた商品は、「いいね！閲覧履歴」画面の「いいね！一覧」で確認できます。また、「ホーム」画面の上部にも表示されるので、すぐに開くことが可能です。

「マイページ」画面の「いいね！一覧」に表示されます。

「ホーム」画面上部にも「いいね！」した商品が表示されます。

「いいね！」一覧から商品を開く

1「マイページ」をタップ👆します。

2「いいね！一覧」をタップ👆します。

3「いいね！」を付けた商品が一覧表示されています。商品をタップ👆すると開けます。

ポイント

「いいね！一覧」から「いいね！」を取り消すことも可能です。手順❸で商品を左端まで一気にスワイプ（Androidの場合は長押しして「削除する」をタップ）します。

18 気になることを出品者に質問しよう

商品について気になることがあったら、コメント欄から出品者に質問することができます。値下げのお願いもできるので、聞いてみるとよいでしょう。

コメント機能

商品の購入時に気になることがあったらコメント欄から質問しましょう。その際、相手を不愉快な気持ちにさせないように気をつけてください。質問内容は他の人も読めるので、個人情報や知られたくない内容を書き込まないようにしましょう。また、出品者以外は、コメントを削除できないので注意してください。

コメントがあると、吹き出しの形のアイコンに数字が付きます。

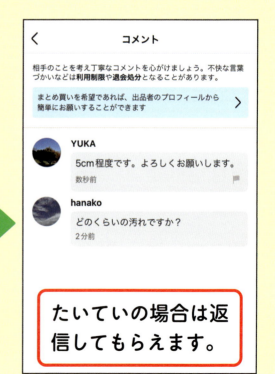

たいていの場合は返信してもらえます。

コメントを送信する

1. 商品価格の下にある「コメント」を**タップ**します。

2. 画面下部のコメントボックスに**入力**します。

3. 「送信」を**タップ**します。

ポイント

コメントボックスの上にある「お値下げをお願いする」や「商品状態を確認したい」などをタップして自動入力も可能です。

19 商品を購入しよう

欲しい商品が見つかったら購入しましょう。メルカリでは、支払いを済ませないと出品者が商品を発送できない仕組みになっています。

購入するときに気を付けること

メルカリでは、送料込みと着払いの商品が混在しています。「送料込みだと思って買ったら、着払いで商品が届いて送料を払うことになった」ということもあります。そうならないよう、必ず送料の欄を確認してください。

送料込みの商品（出品者が送料を負担します）

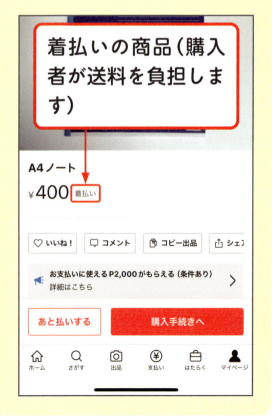

着払いの商品（購入者が送料を負担します）

商品を購入する

1. 買いたい商品を**タップ**します。

ポイント
写真の左上に、赤い「SOLD」が付いている商品は売り切れなので購入できません。

2. 商品情報を確認します。価格の横に「送料込み」と表示されていることを確認して「購入手続きへ」を**タップ**します。

③ 「支払い方法」を**タップ**します。

④ 支払い方法を選択します。ここではクレジットカードで支払いをするので「新しいクレジットカードを登録する」を**タップ**します。

> **ポイント**
> ポイントを利用する方法は、Sec.53で説明します。

❺ カード番号、有効期限、セキュリティコードを入力 🫵 します。

❻ 「登録する」をタップ 🫵 し、次の画面で「設定する」をタップ 🫵 します。

❼ 「支払い方法」「支払い金額」「配送先」を確認して、「購入する」をタップ 🫵 します。

ポイント

クレジットカード払いの場合は、この時点で支払いが完了します。決済手数料もかかりません。

8 「購入の確認」画面で「購入する」を**タップ**すると購入完了です。

> **ポイント**
> ネットショップとは違い、「購入する」をタップするとキャンセルができません。そのため、手順❽は慎重に操作してください。

コンビニ払いで商品を購入する

1 「支払い方法」の欄で、「コンビニ/ATM払い」を選択し、「設定する」を**タップ**します。

> **ポイント**
> コンビニ払い、ATM払い、キャリア決済は決済ごとに手数料がかかります。支払い金額5,000円までが100円、5,001円から10,000円が200円のように支払い金額が増えると手数料も増えることを覚えておきましょう。

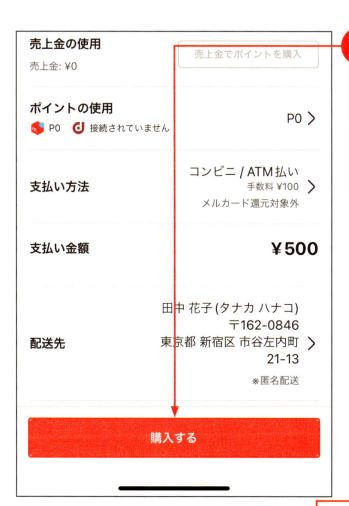

❷ 「支払い方法」「手数料」「支払い金額」「配送先」を確認して、「購入する」をタップ🫵します。

❸ 「ホーム」画面に戻り、右上の「やることリスト」のアイコンに数字が付くのでタップ🫵します。

④ 購入した商品の通知を**タップ**します。

⑤ 支払い場所のコンビニ（ここではファミリーマート）を**タップ**します。

⑥ 「支払い方法を設定する」を**タップ**します。

ポイント

銀行ATMの場合は、ATM端末で「税金・料金払込」ボタンを押して、画面の指示に従って操作します。

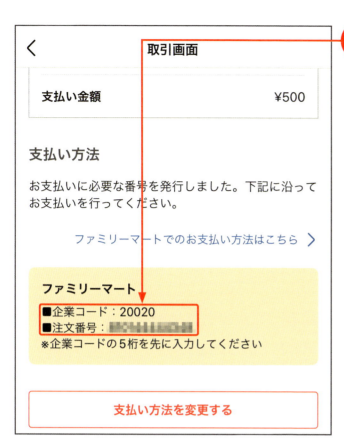

7 企業コードと注文番号が表示されます。

ポイント

ローソンとミニストップの場合は店内の端末での操作が必要です。セブン-イレブンの場合は、「払込票を表示」をタップしてレジで提示します。機械操作が苦手な人にはセブン-イレブンがおすすめです。

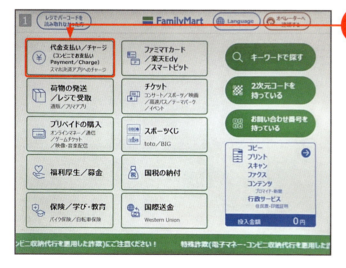

8 店内の端末で「代金支払い/チャージ」を選択して操作し、排出された紙をレジに持って行き支払います。

ポイント

ファミリーマートの場合は店内のマルチコピー機で「代金支払い/チャージ」を選択し、「次へ」→「番号入力」を選択して「企業コード」を入力します。次の画面で「注文番号」を入力し、排出された紙をレジに持って行き支払います。

20 購入後の流れを知ろう

購入した後に何をすればよいかを説明します。ネットショップの買い物とは少し異なる部分もあるので違いを理解しておきましょう。

第2章 メルカリでほしいものを探して購入しよう

メルカリとネットショップの違い

ネットショップで買い物をする場合、購入した後は商品を受け取るだけです。一方、メルカリの場合は届いた商品をチェックし、必ず相手への評価を付けなければいけません。
もし不備があった場合は、評価する前に出品者に連絡しましょう。

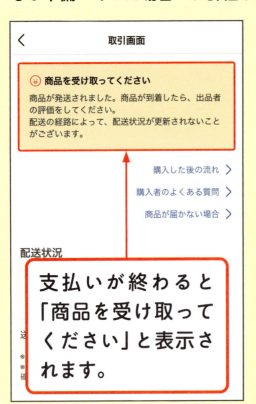

支払いが終わると「商品を受け取ってください」と表示されます。

評価は商品が届くまで付けないでください。

購入後の流れ

1 コンビニ払い、またはATM払いを選択した場合は支払いを済ませてください。支払いが遅いとキャンセルされる場合があるので注意です。

2 気持ちよく取引するために、出品者に購入したことを伝える方が親切です。返信がないときもありますが、特に気にせずに商品の到着を待ちましょう。

3 商品が届いたときに、「商品が壊れていないか」「説明通りであるか」「付属品はついているか」などを必ずチェックしてください。先に評価を付けてしまうと取り消しできないので気を付けましょう。

4 商品に不備が無かったら評価を付けます。評価の付け方はSec.21で説明します。

5 評価を付けると、出品者が購入者に評価を付けます。そして、出品者に売上金が計上されます。

6 取引が完了します。

出品者を評価して取引を完了しよう

商品を受け取ったら、問題がないか確認しましょう。そして、出品者への評価を付けます。お互いに評価を付けると取引が完了します。

取引の評価は必要？

メルカリでは、評価を付けないと取引が完了せず、出品者にお金が渡りません。商品が届いたら、問題がないかチェックしてから出品者の評価を付けましょう。すると、出品者が自分への評価を付けてくれます。自分への評価は、相手が付けるまで見えないようになっています。

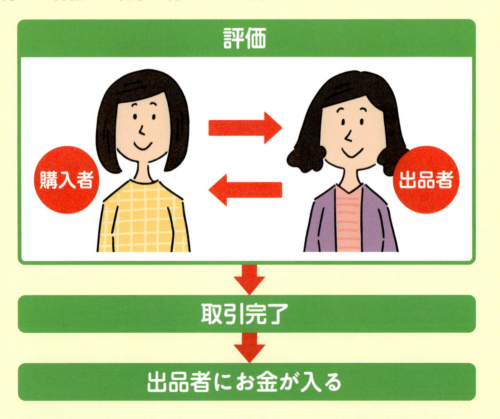

出品者の評価を付ける

1. 「ホーム」画面の右上の「やることリスト」アイコンをタップします。

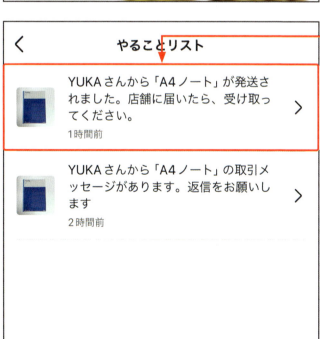

2. 受け取った商品をタップします。

3 「商品の中身を確認しました」を**タップ**してチェックを付けます。

4 「良かった」または「残念だった」のどちらかを**タップ**します。

5 コメントを**入力**して、「評価を投稿する」を**タップ**します。この後、出品者が自分へ評価を付けてくれます。

ポイント

自分に付けられた評価を確認するには、画面右下の「マイページ」をタップし、上部にある⭐をタップします。

第3章

身の回りのものを出品してみよう

この章でできること

- 商品を出品する
- 下書き保存をする
- 商品情報を編集する
- 出品した商品を確認する
- コメントに答える

22 出品の準備をしよう

事前にシミや傷がないかなどをチェックしておくと、出品時の手間を省くことができます。また、サイズを測ると配送方法を決められます。

商品をチェックしよう

商品情報には商品の状態を設定するため、出品物のチェックが必要です。衣類、小物、家具などは、「シミや汚れがないか」「傷がないか」「割れていないか」をチェックします。また、家電やカメラなどは付属品が揃っているかも確認しましょう。

シミや汚れをチェックします。

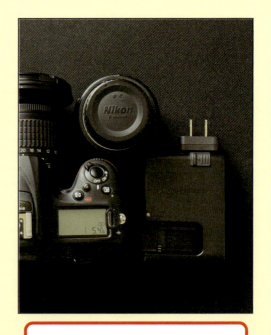

付属品も確認します。

サイズを測って配送方法を決める

サイズが大きいものと小さいものとでは、送料が異なります。メルカリでは、送料込みで出品する場合がほとんどなので、送料がわからないと商品の価格を決めづらいです。そのため、事前にサイズを測り、送料込みの価格を計算しておくとスムーズに出品できます。

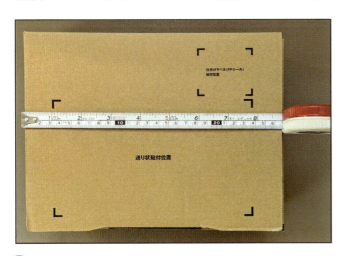

長さを測ります。

ポイント

サイズがギリギリだと受付時にサイズオーバーとなり、予定より送料がかかってしまう場合があります。余裕を持たせて測るようにしましょう。

写真を撮影する

出品時にメルカリアプリで写真を撮ることもできますが、事前にカメラアプリで撮影すれば、ズームやピント合わせができるので綺麗に撮れます。

商品の写真を撮影します。

23 出品してみよう

「出品は難しそう」と思うかもしれませんが、意外と簡単です。最初は時間がかかりますが、慣れれば手際よくできるようになります。

匿名配送を使うには

いざ出品となると、どんな人が購入するかわからないので怖いと思う人もいるでしょう。出品時の設定で「メルカリ便」を選択すれば、お互いの氏名や住所を知らせずに取引ができます。メルカリ便以外の配送方法を指定すると、匿名配送にはならないので気を付けてください。

配送方法でメルカリ便を選択します。

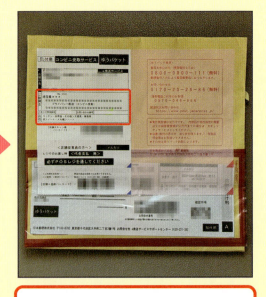

依頼主（出品者）の住所がわからないよう非表示で届きます。

商品を出品する

1. 画面下部の「出品」を**タップ**します。

2. 「出品する」を**タップ**します。

3. 「カメラ・アルバム」を**タップ**します。

ポイント

「かんたん出品」を**タップ**すると、最小限の設定で出品ができます。

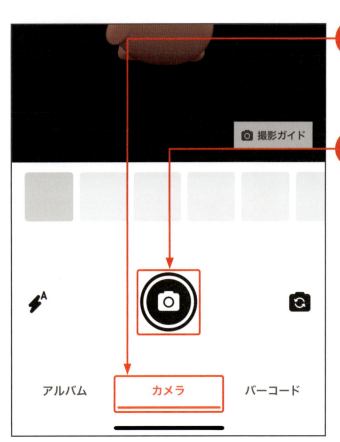

④ 「カメラ」を**タップ**🖐します。

⑤ 「撮影」ボタンを**タップ**🖐して撮影します。

> **ポイント**
> 撮影済みの写真を使う場合は、「アルバム」を**タップ**🖐して写真を選択します。

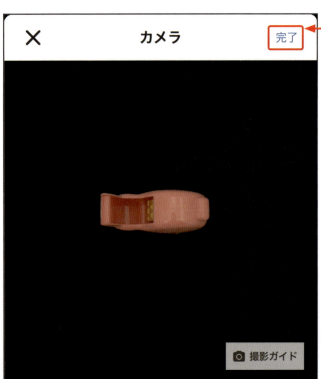

⑥ 同様に別の角度からも撮影し、撮り終わったら右上の「完了」を**タップ**🖐します。

7 「商品名」のボックスをタップ🖑して入力🖑します。

ポイント

商品によっては、AIによる画像認識で自動的に商品名が表示される場合もあります。該当しない場合は「×」をタップ🖑して設定してください。

8 「カテゴリー」をタップ🖑します。

9 該当するカテゴリーを選択します。

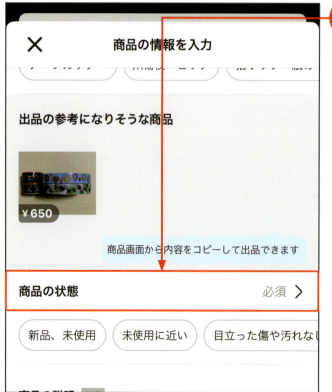

10 「商品の状態」をタップ👆します。

> **ポイント**
> 商品の種類によっては、ブランドや色などを設定する欄もあります。任意ですが、設定した方が見つけてもらいやすいです。

⑪ 商品の状態を選択します。

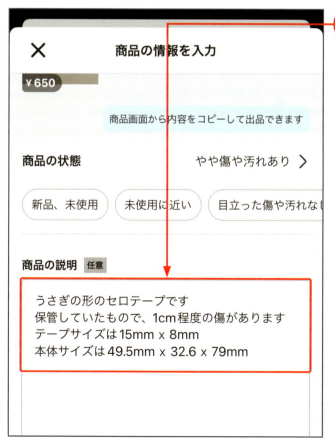

⑫ 商品の説明を入力します。

> **ポイント**
>
> 説明欄には、サイズの他、シミや傷の大きさや汚れの程度なども記載しましょう。

⓭ 「配送料の負担」が「送料込み（出品者負担）」になっていることを確認します。

ポイント
「送料込み（出品者負担）」にして、商品価格は送料を入れた金額で設定しましょう。メルカリでは送料込みの方が売れやすいです。

⓮ 「配送の方法」を**タップ**します。

15 配送方法を選択します。

ポイント

手順⑮で **スワイプ** 👆 すると最下部に「未定」があります。配送方法を未定にして後からメルカリ便に変更できますが、匿名配送にならず、自分の氏名と住所が購入者に知られてしまうので注意が必要です。

16「発送元の地域」を **タップ** 👆 して地域を選択します。

ポイント

発送手続きをする予定の地域を設定します。自宅とは違う場所から発送してもかまいません。また、決まっていない場合は、画面最下部の「未定」を選択することも可能です。

第3章 身の回りのものを出品してみよう

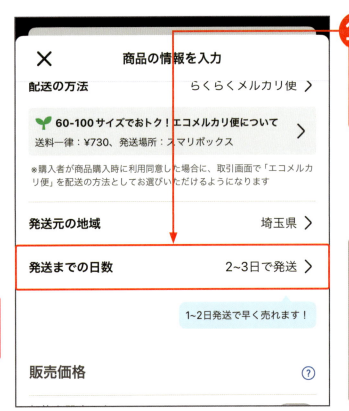

17 「発送までの日数」を変更したい場合は**タップ**して変更します。

ポイント

発送までの日数は、相手に届くまでの日数ではなく、商品が売れてから発送手続きをするまでの日数です。「1〜2日で発送」「2〜3日で発送」「4〜7日で発送」から選びます。

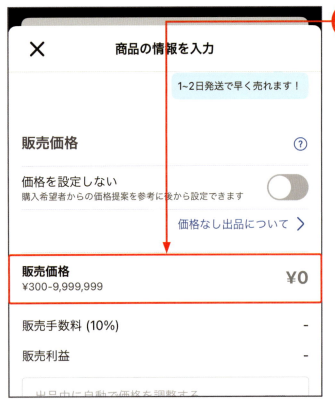

18 販売価格を**タップ**します。

ポイント

価格は、「新品・未使用品」は定価の60〜80％、「汚れがない中古品」は30〜60％、「汚れが目立つ中古品」は20〜40％を目安に設定します。

⑲ 価格を入力します。300円から設定できます。

ポイント
手順⑲で「価格を設定しない」をオンにすると、購入者が希望価格を提示できます。

⑳ 販売手数料と販売利益を確認し、「出品する」をタップします。

ポイント
手順⑳の「出品中に自動で価格を調整する」をオンにすると、毎日100円ずつ自動的に値下げができますが、しばらく様子を見た方がよいのでオフのままにしましょう。

24 商品のバーコードを読み取って出品しよう

商品の箱や本体に付いているバーコードを使うと、商品名や説明文の入力を省くことができます。例えば、複数冊の本を出品したいときに便利です。

バーコード出品ができるもの

バーコード出品ができるカテゴリーは、「本、音楽、ゲームソフト」「コスメ・香水・美容」「家電・カメラ（スマホは除く）」です。ただし、バーコードが薄くて読み取れない場合や古い商品は読み取れない場合があります。その場合は他の商品と同様に出品してください。

本のバーコードを読み取って出品する

1. 画面下部の「出品」を**タップ**します。

2. 「出品する」を**タップ**し、「バーコード（本・コスメなど）」を**タップ**します。

3. スマホのレンズを出品したい商品のバーコードに向けます。

> **ポイント**
>
> 読み取りがうまくいかない場合は、スマホを商品から少し離してください。

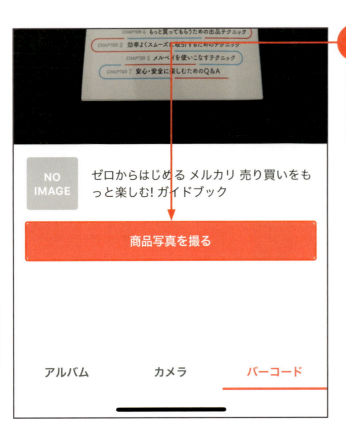

④ 商品を読み取りました。「商品写真を撮る」をタップ🖐します。

⑤ 「撮影」ボタンをタップ🖐して撮影します。

6 別の角度からも撮影して「完了」を**タップ**します。

> **ポイント**
> 正面からの写真だけでなく、横や上から撮影した写真も載せた方が売れやすいです。

7 商品名や説明などを**入力**して出品します。

> **ポイント**
> 商品名や説明が自動で入力されますが、間違っている場合もあるので必ず確認してください。

第3章 身の回りのものを出品してみよう

25 商品情報を下書きに保存しよう

商品説明の入力に時間がかかったり、入力の途中で急用ができて後から入力したいときもあります。そのようなときは下書き保存しましょう。

下書き保存とは

商品の説明文がなかなか思いつかず、考えながら入力することもあるでしょう。また、途中まで入力して、後で出品したいときもあります。そのようなときに、下書きとして保存することが可能です。撮影した写真も入力した文章もそのまま残り、いつでも再開できます。

途中まで入力したら下書き保存しておきます。

下書き一覧からいつでも再開できます。

下書き保存する

1. 商品の入力画面最下部にある「下書きに保存する」ボタンをタップします。

ポイント
「下書き保存」は1回目の保存です。一度下書き保存をし、編集して再度保存する場合は、下部のボタンが「上書き保存する」になります。

2. 画面が消えて、下書き保存されます。

下書きした商品を出品する

1 画面下部の「出品」を タップ します。

2 「下書き」を タップ します。

3 「下書き一覧」から編集する商品を タップ します。

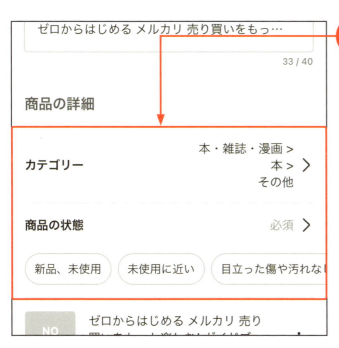

④ 商品の編集画面が表示されるので、続きを入力して出品します。

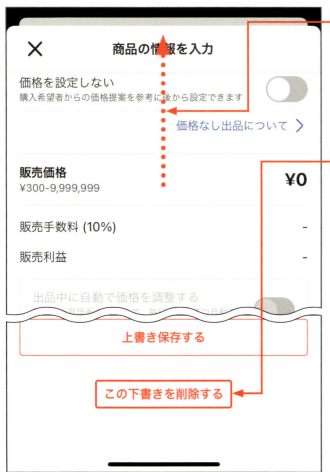

⑤ 下書きを削除したい場合は、上方向にスワイプし、

⑥ 「この下書きを削除する」をタップします。

ポイント

手順⑥の後に「本当に削除してよろしいですか？」とメッセージが表示されるので、よく考えて「削除する」をタップします。削除すると元に戻せないので、大事な下書きは削除しないようにしましょう。

26 出品した商品を確認しよう

出品した商品を確認する方法を説明します。「値段を下げるとき」「商品説明を修正するとき」「出品を停止するとき」にすぐに開けるようにしましょう。

「出品した商品」画面の見方

出品した商品を確認するには、「出品した商品」画面を表示します。「出品中」「取引中」「売却済み」の3つのタブで構成されており、現在出品している商品は「出品中」タブ、購入されて取引中の商品は「取引中」タブ、取引を終えた商品は「売却済み」タブに表示されます。

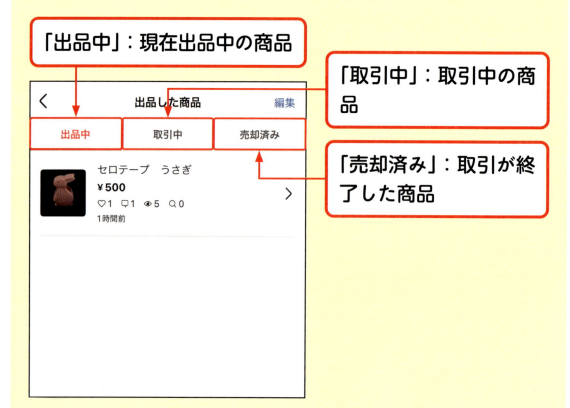

出品した商品一覧を表示する

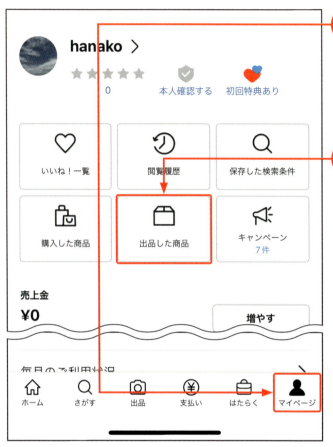

1 画面右下の「マイページ」をタップ🖐します。

2 「出品した商品」をタップ🖐します。

3 「出品中」タブで商品をタップ🖐すると、出品画面が表示されます。

27 商品情報を編集しよう

「出品した商品の値段を下げたい」「商品の裏側の撮影を忘れた」など、後から商品情報を変更したいときには編集することができます。

出品後に編集できるの？

商品情報は、出品した後でも変更することが可能です。ただし、購入された後は変更できません。また、購入を検討している人にとって、値段を上げたり下げたりすると迷惑になる場合もあるので気を付けてください。

「出品した商品」から商品を選択して編集できます。

商品を編集する

1. Sec.26を参考にして「出品した商品」を表示し、編集する商品を タップ します。「商品を編集する」を タップ します。

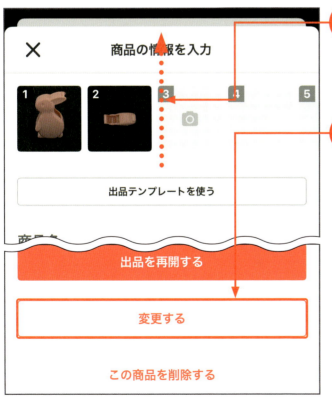

2. 商品の情報を編集します。スワイプ し、

3. 下部にある「変更する」を タップ します。

ポイント
写真を追加したい場合は「カメラ」のアイコンをタップして追加してください。

28 質問やコメントに答えよう

「値下げしてほしい」「他の商品も購入したい」などのコメントが付くことがあります。購入してもらえる可能性があるので丁寧に対応しましょう。

どんなコメントが来るの？

出品した商品にコメントが付くケースは、値下げや複数購入のお願いです。あるいは、商品説明を詳しく書かなかった場合に、商品の購入時期やシミの大きさなどを質問されます。ほとんどが購入を検討している人からのコメントです。買ってもらえる可能性が高いので、なるべく丁寧に、早めに返信しましょう。

- 値下げしてもらえますか？
- 購入したのはいつ頃ですか？
- シミの大きさはどのくらいですか？
- 他の商品も一緒に購入したいです
- サイズを教えてください

コメントに返信する

1 「お知らせ」アイコンに数字が付くのでタップします。

ポイント
コメントが付くと、右上の「お知らせ」アイコンに数字が付きます。

2 「「▲▲」さんが「■■」にコメントしました」をタップします。

第3章 身の回りのものを出品してみよう

3 スワイプ👆してコメントを読みます。

4 「コメントする」をタップ👆します。

5 ボックス内にコメントを入力👆します。

6 「送信」をタップ👆します。

ポイント

他の人が買うのをためらうようなコメントが付いたら削除してかまいません。コメントを削除するには、コメントの右端にある🗑をタップ👆し、「削除する」をタップします。

第4章

商品を梱包・発送して取引を完了しよう

この章でできること

- 発送の準備をする
- 商品を梱包する
- 商品を発送する
- 発送の通知をする
- 売上額を確認する

29 商品が売れた後の流れを確認しよう

はじめて商品が売れたときは誰もが嬉しいものですが、次に何をするべきか迷う人もいるでしょう。ここでは商品が売れた後の流れを説明します。

まずは支払い状況を確認する

クレジットカードやメルペイでの支払いはすぐに反映されますが、コンビニ・ATM払いの場合は、購入者が支払うまでと画面に反映されるまでに時間がかかります。

購入者から「支払いました」とメッセージが来ても、メルカリから「発送をお願いします」の通知が来るまで待ちましょう。

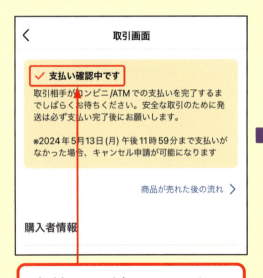

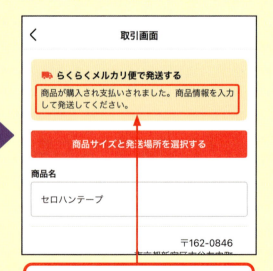

支払いが済んでいない場合、「支払い確認中です」と表示されます。

「商品が購入され支払いされました」と表示されてから発送します。

商品が売れた後の流れ

1. 購入者が支払いを完了すると「やることリスト」に「発送をお願いします」と表示されます。

2. 商品を梱包します。

3. 出品者が指定した配送方法で発送します。

4. 購入者が評価を付けてくれるので、自分からも購入者の評価を付けます。

5. 取引が完了します。メルカリが預かっていた代金を受け取れます。

30 発送の準備をしよう

商品が売れたら、買ってくれたお礼のメッセージを購入者に送りましょう。そして、発送の準備に取り掛かります。

購入者への連絡は必要？

購入者に連絡をしなくても取引は可能ですが、買ってもらったお礼や発送について連絡した方が安心してもらえます。取引が終わった後の評価に影響する場合もあるので、気持ちの良い取引をこころがけましょう。なお、商品が売れた後のメッセージのやり取りは、他のユーザーには見られないので安心です。

商品が売れた後は、メッセージ欄で連絡します。

「購入後のあいさつをする」をタップすると、自動で入力されます。

発送の準備をする

1 埃やゴミが付いていないか再度チェックし、指紋は柔らかい布などでふき取ります。

2 割れやすいものは緩衝材で包みます。

3 箱や封筒などに入れて封をします。

ポイント

複数の商品が同時に売れた場合は、商品を間違えないように袋または箱に目印をつけましょう。

4 メルカリ便の場合は、送り先の住所や氏名を書かずに発送します。

ポイント

メルカリ便以外の発送方法（普通郵便やレターパックなど）を選んだ場合は、取引画面に購入者の住所と氏名が表示されているので、正確に記載してください。

31 商品を梱包しよう

メルカリから「発送をお願いします」という通知が来たら、商品を梱包して発送しましょう。梱包方法は商品の種類によって異なります。

梱包する際に気を付けること

家電や食器、おもちゃなどは、配送中に衝撃があると割れてしまいます。割れないように、緩衝材で包んだり、新聞紙を丸めて隙間に入れたりなど工夫しましょう。

また、衣類や本は直接紙袋に入れると、雨がしみ込んで濡れることがあるので、ビニール素材やフィルム素材の袋に入れてから紙袋や封筒に入れた方が安心です。

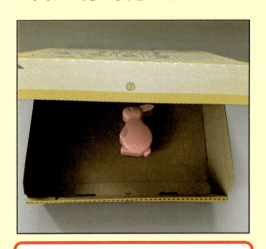

商品をむき出しのまま箱に入れると、配送中に割れる場合があります。

配送中に雨が降り、中にしみ込む場合があるので注意が必要です。

商品を梱包する

> 緩衝材で包んで箱に入れます。

> 衣類や本はビニール素材やフィルム素材の袋に入れてから紙袋や封筒に入れます。

ポイント

商品別の梱包方法については、第5章で説明します。

商品を発送しよう

商品を梱包したら、いよいよ発送です。発送については第5章で詳しく説明するので、ここでは基本操作を確認しましょう。

発送手続きは取引画面で行う

購入者の支払いが済むと、画面右上の「やることリスト」に数字が付くので、タップして商品を選択します。取引画面が表示されるので、サイズと持ち込み場所を選択してください。後は指定した場所に商品を持ち込むだけです。

画面右上の「やることリスト」アイコンに数字が付くのでタップします。

購入された商品をタップします。

商品の発送手続きをする

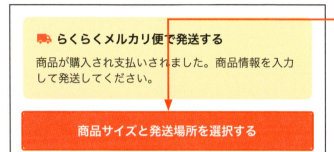

1. 売れた商品の取引画面で「商品サイズと発送場所を選択する」をタップします。

2. サイズを選択します。ここでは「宅急便コンパクト」をタップします。

3. 「選択して次へ」をタップします。

4. 持ち込み場所をタップします。

5. 「選択して完了する」をタップします。選択した場所に発送する商品を持っていきます。

33 発送したことを購入者に通知しよう

商品発送後、「発送通知」ボタンをタップするのを忘れないでください。ボタンをタップしなくても商品は届きますが、購入者が評価を付けられません。

発送の連絡は必要？

商品を発送した後、取引画面に表示されているボタンをタップすると、発送通知が購入者に自動で送られます。
それだけでもかまいませんが、手動でメッセージも送ってあげると安心してもらえます。

発送したという通知が購入者に自動的に送られます。

手動でも送る場合は、取引画面のメッセージボックスから送信します。

第4章　商品を梱包・発送して取引を完了しよう

発送通知を送る

1 商品を発送したら、取引画面に表示されている「商品を発送したので、発送通知をする」を タップ します。

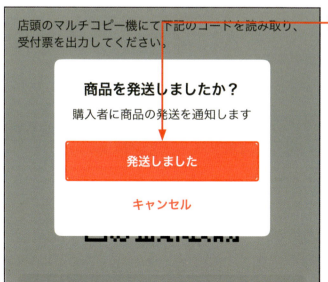

2 「発送しました」を タップ します。そうすると、購入者に発送通知が届きます。

34 購入者を評価して取引を完了しよう

Sec.21のように購入者が評価を付けてくれると、出品者も購入者の評価を付けられるようになります。評価を付けると取引が完了し、代金が入ります。

購入者が付けた評価は見られる？

購入者に商品が届いて評価を付けてもらうと、「やることリスト」とメールに「評価をして、取引完了してください」と通知が届きます。この時点では購入者がどの評価を付けたかはわかりません。お互いが評価を付けた後に自分への評価を見られるようになっています。

購入者が評価を付けると、「やることリスト」に通知が届きます。

購入者の評価を付ける

1. 取引画面で評価を選択し、タップ します。
2. コメントを入力 します。
3. 「購入者を評価して取引完了する」をタップ します。

ポイント
送信した評価は、後から修正できないので慎重に入力してください。

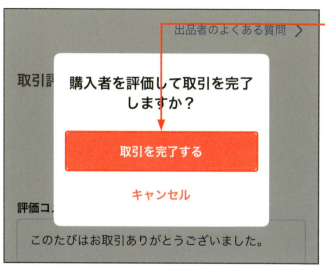

4. 「取引を完了する」をタップ します。

35 売れた商品の代金を確認しよう

取引が完了したけれど、本当にお金が入っているのか心配な人もいるでしょう。売上金が計上されているかを確認する方法を説明します。

残高と売上金の違い

Sec.09で本人確認をおこなった場合は、マイページ画面の「残高」で確認できます。本人確認をしていない場合は「売上金」と表示されます。また、本人確認をしている場合は、画面下部の「支払い」をタップした画面にも表示されます。

本人確認をしている場合は「残高」と表示されます。

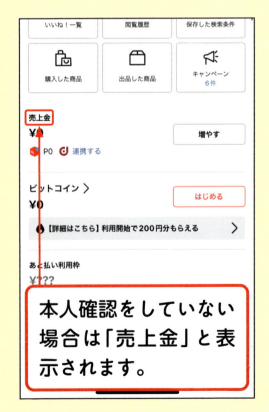

本人確認をしていない場合は「売上金」と表示されます。

売上履歴を見る

1. 「マイページ」をタップ します。残高（売上金）が増えていることがわかります。

ポイント
本人確認していない場合は「残高」、本人確認をしている場合は「売上金」と表示されます。

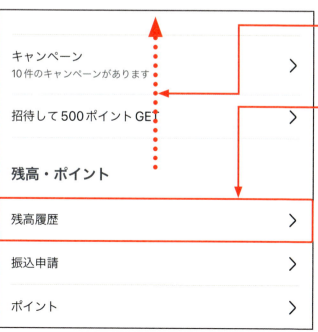

2. スワイプ します。

3. 「残高履歴」をタップ します。

第4章 商品を梱包・発送して取引を完了しよう

④ 売上履歴がわかります。商品を**タップ**します。

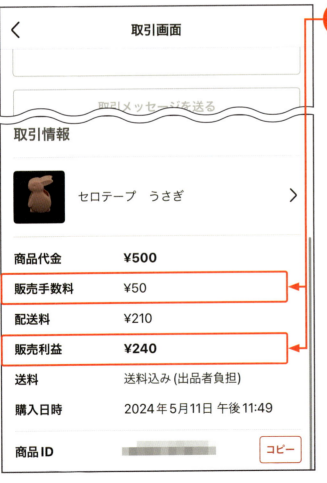

⑤ 取引画面が表示されます。画面下部で「販売手数料」や「販売利益」を確認できます。

第5章

メルカリでの発送と梱包のやり方をもっとくわしく知ろう

この章でできること

- メルカリの発送方法について知る
- らくらくメルカリ便で発送する
- ゆうゆうメルカリ便で発送する
- 各商品の梱包方法を知る
- 各商品の発送方法を知る

36 メルカリで利用できる発送方法を知ろう

商品を購入者に送る方法はいろいろあります。どれを使ってもよいですが、「メルカリ便」という配送方法なら簡単かつ安心して送れるのでおすすめです。

らくらくメルカリ便とゆうゆうメルカリ便

メルカリ便を使うと、出品者も購入者もお互いに氏名と住所を知らせずに配送できます。メルカリ便にはヤマト運輸と提携している「らくらくメルカリ便」と日本郵便と提携している「ゆうゆうメルカリ便」があり、どちらもメリットがたくさんあります。

- らくらくメルカリ便　ヤマト運輸との提携サービス
- ゆうゆうメルカリ便　日本郵便との提携サービス

メルカリ便のメリット

- 宛名を書く手間が不要
- お互いの氏名と住所を知られない
- 商品が今どこにあるかを追跡できる
- 破損や紛失したときに補償がある
- 通常の宅配便より送料が安い

第5章　メルカリでの発送と梱包のやり方をもっとくわしく知ろう

メルカリ便の送料

配送方法		サイズ	送料
らくらくメルカリ便	ネコポス	A4サイズ・厚さ3cm以内・1kg以内	全国一律210円
	宅急便コンパクト	専用BOX（70円）	全国一律450円
	宅急便	60サイズ（〜2kg） 80サイズ（〜5kg） 100サイズ（〜10kg） 120サイズ（〜15kg） 140サイズ（〜20kg） 160サイズ（〜25kg） 180サイズ（〜30kg） 200サイズ（〜30kg）	750円 850円 1,050円 1,200円 1,450円 1,700円 2,100円 2,500円
ゆうゆうメルカリ便	ゆうパケット	A4サイズ・厚さ3cm以内・3辺合計60cm以内	全国一律230円
	ゆうパケットポスト	専用箱（65円） 発送用シール（5円）	全国一律215円
	ゆうパケットポストmini	縦21cm×横17cmかつ郵便ポストに入るサイズ 専用封筒（20円）	全国一律160円
	ゆうパケットプラス	縦17cm×横24cm×厚さ7cm以内 専用BOX（65円）2kg以内	全国一律455円
	ゆうパック	60サイズ 80サイズ 100サイズ 120サイズ 140サイズ 160サイズ 170サイズ ※重量は一律25kg以内	750円 870円 1,070円 1,200円 1,450円 1,700円 1,900円

（2024年8月現在）

その他の発送の場合

大型家具や家電を送れる「梱包・発送たのメル便」や、60〜100サイズ（縦、横、高さの合計が60cm〜100cm）で10kg以内を730円で送れる「エコメルカリ便」もあります。レターパックや普通郵便、クリックポストなども選択できます。

37 らくらくメルカリ便で発送しよう

ヤマト運輸と提携している「らくらくメルカリ便」は、ヤマト営業所以外にもファミリーマートやセブン-イレブンなどから送ることができます。

らくらくメルカリ便

らくらくメルカリ便は、サイズによって3種類から選べます。

● **ネコポス**

A4サイズ以下で厚さ3cm以内の商品に使えます。家にある封筒や紙袋に入れて送れます。

● **宅急便コンパクト**

厚さ5cm以内の商品に使用できます。専用のボックスが必要で、薄型の袋タイプと箱タイプから選びます。コンビニまたはヤマト営業所で購入可能です。

宅急便コンパクト専用ボックス薄型タイプ

宅急便コンパクト専用ボックス箱タイプ

● **宅急便**

宅急便コンパクトの専用ボックスに入らない場合は「宅急便」を使います。専用箱はないので、空き箱や紙袋に入れて梱包しましょう。

コンビニ（ファミリーマート）から発送する

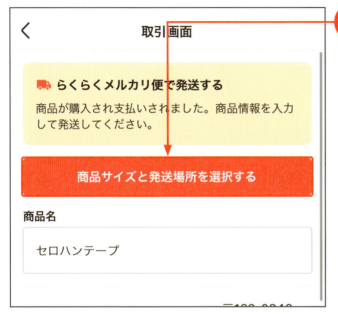

1. 取引画面で（Sec.32 の手順❶）、「商品サイズと発送場所を選択する」を タップ します。

> **ポイント**
> 以降の操作はコンビニ（ファミリーマート）で行ってください。

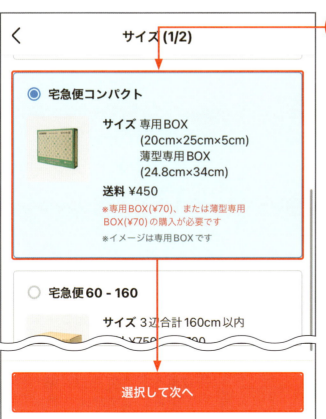

2. サイズによって3タイプから選び、「選択して次へ」を タップ します。

> **ポイント**
> 商品のサイズを見て、「ネコポス」「宅急便コンパクト」「宅急便」から選択します。

❸ ここでは「ファミリーマート」をタップします。

❹ 「選択して完了する」をタップします。

❺ 商品名が空欄の場合は入力します。

❻ 「発送用QRコードを発行」をタップします。

> **ポイント**
> 機械操作が苦手な人にはセブン-イレブンがおすすめです。レジの店員に2次元コードを提示すると、紙とシール付き専用袋をもらえるので、専用袋に紙を入れて商品に貼り付けて店員に渡すだけです。

7 スマホの画面に2次元コードが表示されます。

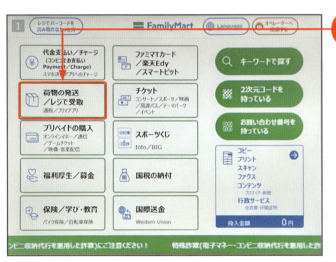

8 店内の端末で「荷物の発送／レジで受取」を選択して「次へ」を押します。続いてスマホの画面に表示されている2次元コードを端末にかざします。

9 紙が出てくるのでレジに持っていきます。送料は売上金から差し引かれるので、コンビニでは支払いません。

その他の発送場所

● 宅配便ロッカーPUDOステーション

駅やスーパー、駐車場などに設置されているロッカーです。人に会わずに発送できます。100サイズまで可能です。宅配便ロッカーPUDOのスキャナーにスマホに表示されているコードをかざすと扉が開きます。お届け希望日時を指定し、荷物を入れて扉を閉めてください。

● ヤマト営業所

ヤマト営業所の場合は、「ネコピット」という端末で手続きします。ネコピットの画面で「2次元コードから作成する」をタップしてコードを読み取ります。印刷機から送り状が排出されるので窓口に出してください。

> **ポイント**
> 執筆時点(2024年8月)での発送方法を紹介しています。今後、発送方法や発送場所が追加・変更される場合があります。

● スマリボックス

駅やローソンなどに設置されている専用ボックスです。「らくらくメルカリ便（宅急便）」の60〜100サイズに対応していますが、「ネコポス」と「宅急便コンパクト」には使えません。スマホに表示されているコードをかざすと伝票が排出されるので、荷物に貼って右側の投函口に入れます。なお、左側はゆうゆうメルカリ便の投函口です。

● ファミロッカー

一部のファミリーマートに設定されている専用ロッカーです。スマホに表示されているコードをファミロッカーのスキャナーにかざすと伝票が排出されるので、荷物に貼り、投函口に入れます。宅急便の60〜120サイズまで可能です。

● 集荷

外出できない人は、「集荷」を選択すると、集荷料100円でヤマトの配達員が引き取りに来てくれます。ただし、ネコポスには使えません。集荷料は、取引完了時に販売利益から差し引かれます。

38 ゆうゆうメルカリ便で発送しよう

第5章 メルカリでの発送と梱包のやり方をもっとくわしく知ろう

日本郵便と提携している「ゆうゆうメルカリ便」は、郵便局やコンビニのローソンから発送できます。

ゆうゆうメルカリ便

ゆうゆうメルカリ便は、サイズによって5種類から選べます。

● **ゆうパケット**
A4サイズ、厚さが3cm以内、1kg以内の商品に使用します。家にある封筒や紙袋で送れます。

● **ゆうパケットポストmini**
専用封筒を郵便局で購入します。封筒に記載のコードをスマホで読み取り、右端の控えを切り取って郵便ポストに投函します。はがきを2枚並べたサイズで、厚さは約3cmまでです。小さな商品の発送におすすめです。

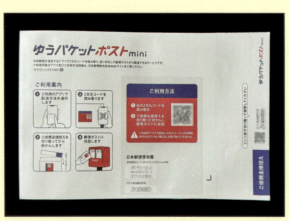

スマホで封筒に記載のコードを読み取ります。

- **ゆうパケットポスト**
  専用の箱とシールの2タイプあり、郵便局やローソンで購入できます。箱またはシールに記載のコードをスマホで読み取ってから郵便ポストに投函します。

ゆうパケットポスト専用箱

ゆうパケットポスト発送用シール

- **ゆうパケットプラス**
  郵便局またはローソンで専用ボックスを購入し、厚さ7cm、2kg以内の商品を送れます。

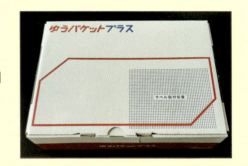

- **ゆうパック**
  専用ボックスに入らない場合はゆうパックになります。専用箱はないので空き箱を用意してください。

郵便局から発送する

1 Sec.32の手順❶の後、種類を選択します。

2 「選択して次へ」をタップ🖐します。

❸ 発送場所を**タップ**🤚します。ここでは「郵便局」を選択します。

❹ 「選択して完了する」を**タップ**🤚します。次の画面で「発送用2次元コードを発行」を**タップ**🤚します。

ポイント

「ゆうゆうメルカリ便」から「らくらくメルカリ便」に変更したい場合は、取引画面の「発送方法（ゆうゆうメルカリ便）を変更する」をタップします。

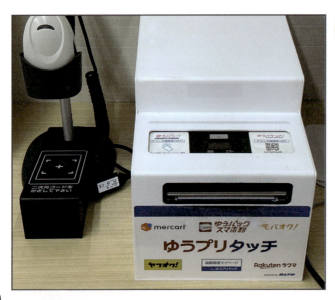

❺ 郵便局にある端末「ゆうプリタッチ」で、スマホに表示された2次元バーコードを読み取ります。発行された送り状を窓口に持って行き、送り状を商品に貼り付けて出します。

その他の発送場所

● **ローソン**

ローソンの店内にある赤い端末「Loppi」を使用します。Loppiのトップ画面で「Loppi専用コードをお持ちの方」を選択し、スマホの画面に表示されているコードをかざします。「発行する」を選択すると申込券が出てくるのでレジに持っていきましょう。店員から送り状と袋を渡されるので、袋に送り状を入れて荷物に貼り付けます。

● **スマリボックス**

一部のローソンや駅などに設置されている専用ボックスです。「ゆうパケット」と「ゆうパケットプラス」に使えます。スマホに表示されているコードをかざすと伝票が排出されるので、荷物に貼って左側の投函口に入れてください。

● **ファミロッカー**

一部のファミリーマートに設置されている専用ロッカーです。「ゆうパケット」「ゆうパケットプラス」「ゆうパック60〜120サイズ」に対応しています。スマホに表示されているコードをファミロッカーのスキャナーにかざし、排出された伝票を荷物に貼ります。開いたボックスに荷物を入れて発送完了です。

39 梱包に便利なグッズを知ろう

はじめのうちは、梱包に時間がかかるかもしれません。梱包グッズがないと面倒に感じることもあるので、事前に用意しておくとよいでしょう。

梱包グッズを用意しよう

封筒は、書籍や小物の発送に使えるのでストックしておくと役立ちます。また、封筒や段ボールを閉じるときに使うテープも用意しましょう。マスキングテープは粘着跡が残りにくいため、ペンやアイライナーなどをまとめるときにも役立ちます。

封筒

テープ類

あると便利な梱包グッズ

● **緩衝材(プチプチ)**

壊れやすい物を包むときや隙間を埋める場合、新聞紙でもよいのですが、緩衝材の方が衛生的です。ホームセンターでロール巻きを買うとお得です。

● **紙袋・箱**

厚手のものを出品することが多い場合は、きれいな紙袋や箱を取っておくと役立ちます。ヤマト営業所や郵便局、100円ショップなどで購入することも可能です。

● **OPP袋**

OPP袋はプラスチック素材をフィルム状にした透明袋のことです。衣類や本をOPP袋に入れると、お店の商品のようになります。ホームセンターや100円ショップで買えます。

● **厚さ測定定規**

定規の穴に通して3cmや2.5cm以内なのかがわかる定規です。右の写真の定規は100円ショップのダイソーで購入できます。

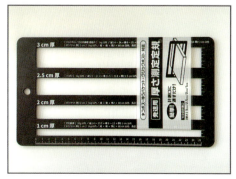

40 食器やガラス製品を梱包・発送しよう

食器やガラス製品は配送中に破損しやすいので、梱包に注意する必要があります。万が一に備えて補償付きの発送方法を選びましょう。

食器やガラス製品の梱包方法

食器やガラス製品、陶器は割れやすいので、緩衝材（プチプチ）で包んでから箱に入れます。複数枚のお皿の場合は、ぶつかって割れる場合があるので、1枚ずつ包むか間に緩衝材を入れましょう。箱の隙間にも緩衝材や新聞紙を丸めて固定させます。

複数枚の場合は間にも緩衝材を入れます。

箱の隙間にも緩衝材、または新聞紙を入れて固定させます。

食器やガラス製品の発送方法

補償がある配送方法をサイズに合わせて選びましょう。小さめのお皿1枚なら「らくらくメルカリ便（宅急便コンパクト）」で送れます。厚さ7cm以内なら「ゆうゆうメルカリ便（ゆうパケットプラス）」、大きいお皿や高さがある陶器は「らくらくメルカリ便（宅急便）」です。
エコメルカリ便を使えば全国一律730円で送れます（2024年8月時点では一部の地域のみ）。

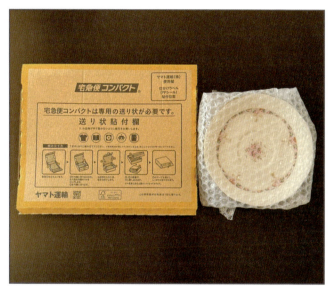

「らくらくメルカリ便（宅急便コンパクト）」の専用箱を購入して発送します。送料450円＋箱代70円の合計520円になります。

厚さ7cmまでなら「ゆうゆうメルカリ便（ゆうパケットプラス）」の専用箱を購入して発送します。送料455円＋箱代65円の合計520円になります。

41 衣類を梱包・発送しよう

衣類は、Tシャツのような薄手の衣類と、コートやジャケットのような厚みがある衣類で発送方法が異なります。

衣類の梱包方法

綺麗に折りたたんで袋に入れて送ります。その際、OPP袋（Sec.39参照）に入れてから袋に入れると雨水が浸透しませんし、お店の商品のようになります。

複数枚で厚みがある場合は封筒に入らないので、大きめの袋に入れましょう。ショップで衣類を購入したときにもらう袋があると便利です。

綺麗に折りたたみます。

OPP袋に入れると、雨がしみ込まず、お店の商品のように見えます。

第5章 メルカリでの発送と梱包のやり方をもっとくわしく知ろう

衣類の発送方法

Tシャツや薄手のパーカーなどは折りたたんで、A4サイズで厚さが3cm以内なら「らくらくメルカリ便（ネコポス）」で送れます。最安は「クリックポスト」ですが、匿名配送が使えず補償もないので、25円違いならネコポスをおすすめします。

厚みがあるセーターやトレーナーは、「らくらくメルカリ便（宅急便）」を使えば、60サイズ（3辺合計60cm以内）を750円で送れます。エコメルカリ便が使える地域なら100サイズまで730円です。

薄手のシャツは「らくらくメルカリ便（ネコポス）」で送れます。送料210円です。

厚手のセーターやジャケット、コートは「らくらくメルカリ便（宅急便）」で送ります。送料は750円からとなります。

42 コスメを梱包・発送しよう

コスメの種類によって梱包方法と発送方法を選ぶ必要があります。基本的に割れやすいものが多いので注意が必要です。

コスメの梱包方法

割れやすいものが多いので、緩衝材で包んでから封筒や箱に入れると安心です。特にファンデーションは衝撃で粉々になりやすいです。
化粧水や香水などの液体は、配送中にこぼれないように、必ずビニール製の袋に入れて密封してください。

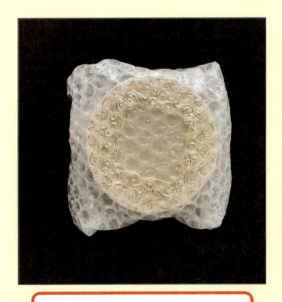

ファンデーションは衝撃に耐えられるように緩衝材で包みます。

化粧水はこぼれないように密封します。

コスメの発送方法

直径1cm以内のアイライナーやアイブロウペンシルは、「普通郵便」が最安です。または、「ゆうゆうメルカリ便（ゆうパケットポストmini）」なら補償付きで送れます。

厚みがある香水やマニキュアは、「らくらくメルカリ便（宅急便コンパクト）」がおすすめです。なお、アルコールが含まれるマニキュアや香水は、航空便は使えないので配送先によっては日数がかかります。また、香水をゆうゆうメルカリ便で送ることは原則不可となっています。

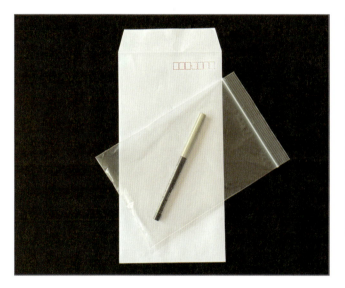

厚さ1cm以内のアイライナーは普通郵便でも発送できます。100g以内の送料は140円（2024年10月1日以降は180円）です。

マニキュアはビニール製の袋で密封し、「らくらくメルカリ便（宅急便コンパクト）」で発送します。送料450円＋箱代70円の合計520円になります。

43 アクセサリーを梱包・発送しよう

配送方法によっては補償がない場合もあります。高価なアクセサリーや破損しやすいものは補償がある発送方法を選びましょう。

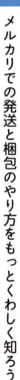
第5章 メルカリでの発送と梱包のやり方をもっとくわしく知ろう

アクセサリーの梱包方法

肌に付けるものなので、衛生的に見えるように透明の袋に入れましょう。特にハンドメイドの場合は今後の取引にも影響するので、丁寧に梱包した方がよいでしょう。

ネックレスは紙に針で穴を開けて差し込むと、絡まりを防ぐことができます。また、ピアスは画用紙に切れ目を入れて固定すると、お店の商品のようになります。

ネックレス

ピアス

アクセサリーの発送方法

ネックレスを最安で送れるのは「普通郵便」ですが、補償がある「ゆうゆうメルカリ便（ゆうパケットポストmini）」がおすすめです。

カチューシャやヘアクリップなどの厚みがあるものは「ゆうパケットプラス」がおすすめです。厚さ7cmまで対応できます。定形外郵便の規格外で250g以内を350円（2024年10月1日以降は450円）で送ることも可能ですが、補償はありません。

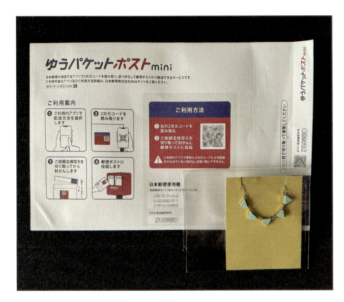

補償がある「ゆうゆうメルカリ便（ゆうパケットポストmini)」がおすすめです。送料160円＋封筒代20円の合計180円になります。

厚さが3cm以上のものは「ゆうゆうメルカリ便（ゆうパケットプラス）」の専用箱に入れて送ります。送料455円＋箱代65円の合計520円になります。

44 バッグや靴を梱包・発送しよう

バッグや靴はかさばるので大変ですが、丁寧に梱包しましょう。なるべく形がくずれないように送るのがベストです。

バッグや靴の梱包方法

布製のバッグは衣類と同様に梱包してもかまいませんが、本革のハンドバッグは傷がつかないように梱包しましょう。また、高価なショルダーバッグやボストンバッグは雑な梱包にすると悪い評価がつくので気を付けてください。

スニーカーやパンプスも配送中に型崩れや傷がつかないように緩衝材で包んでから、箱に入れます。買ったときの箱が残っていれば、その箱に入れて送りましょう。

革製品は傷がつかないように不織布や柔らかい紙で包みます。

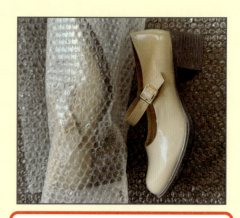

パンプスは靴がぶつかって傷がつかないように梱包します。

バッグや靴の発送方法

厚みがあるので、「らくらくメルカリ便（宅急便）」か「ゆうゆうメルカリ便（ゆうパック）」がおすすめです。80サイズの場合、「らくらくメルカリ便（宅急便）」の方が20円安いです。子供用の靴なら60サイズで送れます。エコメルカリ便が使える地域なら送料730円となります。

らくらくメルカリ便（宅急便）	
60サイズ　2kg以内	750円
80サイズ　5kg以内	850円
ゆうゆうメルカリ便（ゆうパック）	
60サイズ　25kg以内	750円
80サイズ　25kg以内	870円

45 本やCD・DVDを梱包・発送しよう

本は雨がしみ込まないように十分注意する必要があります。CD・DVDは配送中に破損しないように梱包します。

本やCD・DVDの梱包方法

本は雨がしみ込まないようにビニール袋やOPP袋に入れてから封筒に入れます。表紙が表に来るように入れた方が開封したときの印象がよいです。

CD・DVDは、ケースが割れやすいので緩衝材で包んでください。また、ケースに指紋が付きやすいので、柔らかい布でふき取りましょう。ケースがない場合は、OPP袋に入れてから緩衝材で包むか、クッション付きの封筒を利用してください。歌詞カードを入れ忘れないようにしましょう。

雨に濡れないようにOPP袋に入れてから封筒に入れます。

CD・DVDはクッション付きの封筒（ダイソーに有り）を利用すると便利です。

本やCD・DVDの発送方法

本の冊数が少ない場合は、「らくらくメルカリ便（ネコポス）」で送れます。セットで送る場合や分厚い過去問題集などは、「ゆうゆうメルカリ便（ゆうパケットプラス）」を使うと厚さ7cmまで対応できます。
CD・DVDも「らくらくメルカリ便（ネコポス）」、複数枚の場合は「らくらくメルカリ便（宅急便コンパクト）」がおすすめです。

厚さ3cm以内なら「らくらくメルカリ便（ネコポス）」で送れます。送料210円です。

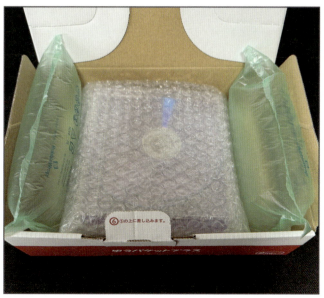

複数枚のCDは「らくらくメルカリ便（宅急便コンパクト）」で送ります。送料450円＋箱代70円の合計520円になります。

46 おもちゃや小物類を梱包・発送しよう

ぬいぐるみのような柔らかいものもあれば、プラモデルのように壊れやすいものもあります。配送中に壊れないかを考えて梱包・発送しましょう。

おもちゃや小物類の梱包方法

ぬいぐるみのような柔らかいものは割れる心配がないため、ビニール製の袋での発送が可能です。紙袋を使う場合は、雨水が浸透しないようにビニールで二重に包むことをおすすめします。
プラモデルや壊れやすい物は緩衝材で包んでください。
トレーディングカードは、OPP袋やビニール袋に入れましょう。

ビニール製の袋に入れた方が安心です。

割れ物は必ず緩衝材で包みます。

おもちゃや小物の発送方法

カードやゲームソフトなど、厚さが3cm以内のものは「ゆうゆうメルカリ便（ゆうパケットポストmini）」、厚みがあるなら「ゆうゆうメルカリ便（ゆうパケットプラス）」がおすすめです。

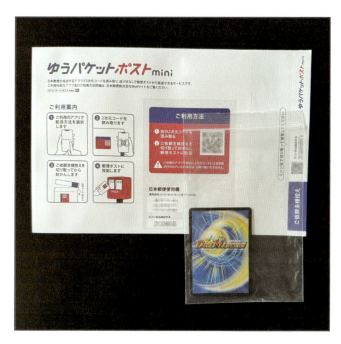

カードやゲームソフトなどは「ゆうゆうメルカリ便（ゆうパケットポストmini）」が便利です。送料160円＋封筒代20円の合計180円になります。

「ゆうゆうメルカリ便（ゆうパケットプラス）」は厚さが7cmまで可能です。送料455円＋箱代65円の合計520円になります。

47 植物を梱包・発送しよう

植物は鉢ごと送る場合と、鉢から抜いて送る場合があります。また、環境によって状態が変化しやすいので気を付けて送る必要があります。

植物の梱包方法

「鉢から抜いて根を乾かして送る」「キッチンペーパーで包む」「濡らしたティッシュを巻き付ける」など、植物の性質に合わせて梱包します。箱に穴をあけて酸素を取り込めるようにするとよいでしょう。
背の高い植物は、茎が折れないように縦型の箱に入れて送ります。

キッチンペーパーで包みます。

背の高い植物は縦型の箱に入れます。

第5章 メルカリでの発送と梱包のやり方をもっとくわしく知ろう

植物の発送方法

植物は生きているので、配送に時間がかかると痛んでしまいます。なるべくメルカリ便を使いましょう。

小さな苗や種子は、第4種郵便を使うと安く送れます。送り先の住所が必要なので出品時の発送方法欄を「未定」にし、取引画面に表示された住所と氏名を記載してください。梱包する際、中身が見えるようにし、「第4種郵便物」と書きます。なお、補償はありません。

「らくらくメルカリ便（宅急便コンパクト）」がおすすめです。送料450円＋箱代70円の合計520円です。

第4種郵便の場合は、氏名と住所、「第4種郵便物」と書いて郵便局の窓口に出します。

50g以内	73円
75g以内	110円
100g以内	130円
150g以内	170円
200g以内	210円
300g以内	240円
400g以内	290円

48 スマホやカメラを梱包・発送しよう

スマホやカメラは精密機器です。配送中に故障しないように丁寧に梱包しましょう。また、補償がある配送方法を選んで下さい。

スマホやカメラの梱包方法

スマホやカメラは壊れやすいので配送中の衝撃に耐えられるように梱包しましょう。買った時の箱が残っていれば、その箱に入れます。箱が残っていない場合は緩衝材で梱包して箱に入れます。
スマホのイヤホン、一眼レンズカメラのレンズなど、付属品も商品として載せた場合は忘れずに梱包しましょう。

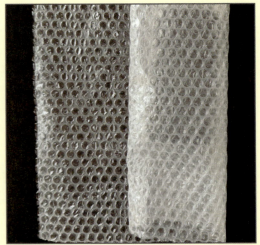

> スマホが入っていた箱に入れて送るのがベストです。

> 箱がない場合は緩衝材（プチプチ）で梱包します。

スマホやカメラの発送方法

スマホは、箱なしなら「らくらくメルカリ便(宅急便コンパクト)」、箱があると厚みが出るため「ゆうゆうメルカリ便(ゆうパケットプラス)」です。
一眼レンズカメラやビデオカメラは、厚さが7cm以上なので「らくらくメルカリ便(宅急便)」になります。
なお、リチウム電池の機器は航空便が使えないため、配送先によっては時間がかかります。

箱なしのスマホは「らくらくメルカリ便(宅急便コンパクト)」が使えます。送料450円＋箱代70円の合計520円になります。

一眼レンズカメラは「らくらくメルカリ便(宅急便)」で送ります。

60サイズ(～2kg)	750円
80サイズ(～5kg)	850円

49 プリンター、テレビ、家具を発送しよう

サイズの大きい商品は運ぶのが大変なので、集荷を利用しましょう。また、大型家電や家具用の「梱包・発送たのメル便」という配送方法もあります。

家電や家具の発送方法

200サイズ、30kg以内のものなら、「らくらくメルカリ便（宅急便）」で送れます。大きくて重いものは運ぶのが大変なので、プラス100円で集荷を頼むとよいでしょう。

また、大型家電や家具の場合、「梱包・発送たのメル便」があります。ただし、250サイズのタンスは8,600円、350サイズのベッドは18,500円と送料が高いです。基本的にサイズの大きいものは送料が高いということを念頭に置いて出品してください。

サイズごとの送料は、以下のとおりです。

サイズ	三辺合計	料金
80サイズ	～80cm	¥1,700
120サイズ	～120cm	¥2,400
160サイズ	～160cm	¥3,400
200サイズ	～200cm	¥5,000
250サイズ	～250cm	¥8,600
300サイズ	～300cm	¥12,000
350サイズ	～350cm	¥18,500
400サイズ	～400cm	¥25,400
450サイズ	～450cm	¥33,000

梱包・発送たのメル便の送料

第6章
メルペイの基本的な使い方を覚えよう

この章でできること

- メルペイについて知る
- メルペイにチャージする
- メルカリポイントを貯める
- メルペイ残高で購入する
- 売上金を現金化する

メルペイについて知ろう

メルカリを利用していると「メルペイ」という言葉が出てきます。ここで、メルペイがどのようなものか確認しましょう。

第6章 メルペイの基本的な使い方を覚えよう

メルペイとは

メルペイは、メルカリアプリで使えるスマホ決済サービスです。メルペイによって、商品を売って得た売上金で買い物ができる仕組みになっています。メルカリ内での買い物だけでなく、コンビニやファミレスなどの実店舗での支払いにも使えます。
メルペイが使えるお店の店頭には、メルペイのマークが付いています。メルペイのサイト（https://www.merpay.com/shops/ ）に一覧があるので確認しておくとよいでしょう。

メルペイ残高とは

メルペイに入れるお金を「メルペイ残高」と言い、メルカリの売上金や現金のジャージで増やすことができます。

Sec.09の本人確認をしていない場合、商品を売って得た売上金は、180日を過ぎると失効します。失効する前に銀行口座への振込手続き、もしくはポイントの購入が必要です。ただし、購入したポイントにも365日間の有効期限があり、期限が過ぎるとせっかく貯めたポイントが消失してしまいます。

一方、本人確認をしていると、売上金が自動的に「メルペイ残高」に入ります。ポイントを購入する手間を省略でき、ポイントの有効期限を気にする必要もなくなります。

● **本人確認をしていない場合**
　商品を売る → 売上金 → ポイントを買う → 買い物

● **本人確認をした場合**
　商品を売る → メルペイ残高 → 買い物

51 メルペイにチャージしよう

メルペイ残高が足りないときは、セブン銀行ATMでチャージできます。または、銀行口座を設定すれば口座からチャージすることも可能です。

チャージとは

チャージとは、メルペイ残高にお金を入金することです。セブン-イレブンや商業施設にあるセブン銀行ATMでチャージができます。1,000円単位で99,000円まで可能で、手数料は不要です。セブン銀行の口座は必要ありません。

また、支払い用の銀行口座を登録している場合は、口座からチャージできます。1,000円から20万円まで可能です。

セブン銀行ATMでメルペイにチャージする

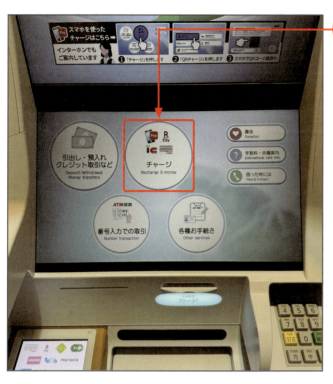

1. セブン銀行ATMの画面で「チャージ」をタップします。

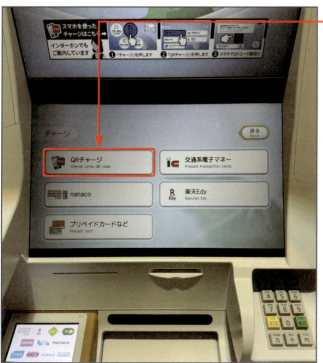

2. 「QRチャージ」をタップします。

ポイント

銀行口座からチャージする場合は、「マイページ」画面の「メルペイ設定」→「銀行口座の管理」をタップして口座を登録します。銀行ごとに手続き画面と必要なものが異なります。

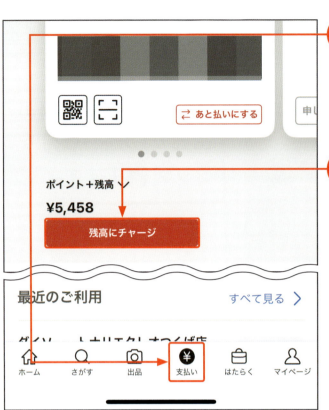

❸ スマホの画面下部の「支払い」をタップし、

❹ 「残高にチャージ」をタップします。

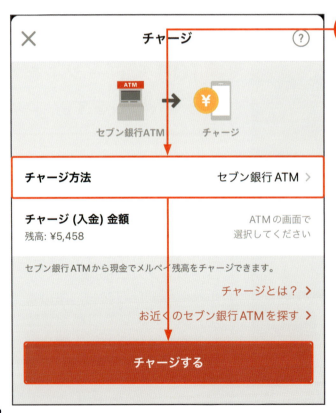

❺ 「チャージ方法」を「セブン銀行ATM」にし、「チャージする」をタップします。

⑥ スマホの画面で「QRコードを読み取る」をタップ します。

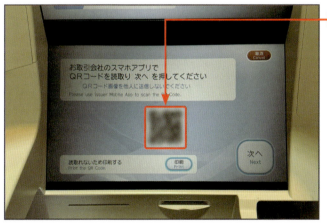

⑦ ATMの画面に表示されているQRコードをスマホで読み取ります。次の画面で「次へ」をタップ します。

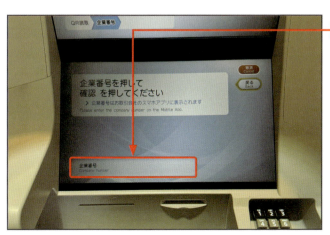

⑧ スマホに表示されている企業番号をATMの画面に入力 します。次の画面で「確認」をタップ し、金額を指定して投入します。

メルカリポイントを貯めよう

メルカリの商品を購入するときにポイントを使うことができます。ここではポイントの概要と貯め方を説明します。

第6章 メルペイの基本的な使い方を覚えよう

メルカリポイントとは

メルカリポイントはメルカリの支払い時に使えるポイントのことです。誰かをメルカリに招待したり、キャンペーンに参加したりすると獲得できます。1ポイント1円として使うことが可能です。
本人確認をしていない場合は、売上金でポイントを購入できます。
ポイントには有効期限があり、購入した日から365日間有効です。ただし、キャンペーンで獲得したポイントは、キャンペーンごとに有効期限が異なるので注意が必要です。

現在所持しているポイントは、「マイページ」画面の残高(本人確認をしていない場合は「売上金」)の下に表示されます。

ポイントを貯める

ポイントを貯める方法としてよく使われるのが招待キャンペーンです。「マイページ」画面の「招待して500ポイントGET」をタップした画面に招待コードが表示されるので、友達にそのコードを送り、利用登録時に入力してもらいます（Sec.05手順❺）。

また、ポイントをもらえるキャンペーンが定期的に実施され、「ホーム」画面右上の「お知らせ」に届きます。

「マイページ」画面の「招待して500ポイントGET」にある招待キャンペーン。

エントリーが必要なキャンペーンもあります。

ポイント

ポイントの有効期限を確認するには、「マイページ」画面の「ポイント履歴」をタップし、「有効期限」タブをタップします。

53 メルペイ残高やポイントで商品を購入しよう

商品を売ったお金で買い物をしましょう。メルペイ残高が使える人はポイントに交換しなくてもすぐに購入できます。

メルペイ残高やポイントを使うには

メルペイ残高を使って購入する際、すべて使用することも、一部を使用することもできます。また、ポイントがあれば併用することも可能です。たとえば、ポイントを100ポイントのみ使用して、残りはメルペイ残高を使用するといった使い方ができます。

メルペイ残高を使う場合は「メルペイ残高の使用」、ポイントを使う場合は「ポイントの使用」をタップして設定します。

メルペイ残高で購入する

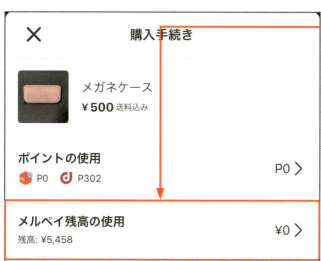

1. 購入時の画面で「メルペイ残高の使用」をタップします。

2. 「一部使用する」をタップします。

3. 金額を入力します。

4. 「設定する」をタップします。メルペイ残高をすべて使う場合は「全て使用する」をタップします。

54 売上金の振り込み申請をしよう

「売上金で買うものがない」「急にお金が必要になった」という場合は、銀行口座を通して現金化することができます。

売上金を現金化するには

売上金を現金化するには申請が必要です。実際に振り込まれるのは売上金から手数料200円を差し引いた金額です。
振り込みにかかる日数は、ゆうちょ銀行と他の銀行では異なります。

● 振込スケジュール

申請が完了した曜日	振込日	
	0時00分〜8時59分の申請	9時00分〜23時59分の申請
月曜日	水曜日	木曜日
火曜日	木曜日	金曜日
水曜日	金曜日	月曜日
木曜日	月曜日	火曜日
金曜日	火曜日	水曜日
土曜日	水曜日	水曜日
日曜日	水曜日	水曜日

ゆうちょ銀行の振込スケジュール

申請が完了した曜日	振込日	
	0時00分〜8時59分の申請	9時00分〜23時59分の申請
月曜日	火曜日	水曜日
火曜日	水曜日	木曜日
水曜日	木曜日	金曜日
木曜日	金曜日	月曜日
金曜日	月曜日	火曜日
土曜日	火曜日	火曜日
日曜日	火曜日	火曜日

ゆうちょ銀行以外の振込スケジュール
（メルカリガイド https://help.jp.mercari.com/guide/articles/98/）

振り込み申請をする

1 「マイページ」をタップします。

2 「振込申請」をタップします。

3 「振込申請して現金を受け取る」をタップします。パスコードを求められるので数字を入力します。

ポイント

パスコードは、Sec.09の手順⓯で設定した4桁の数字です。

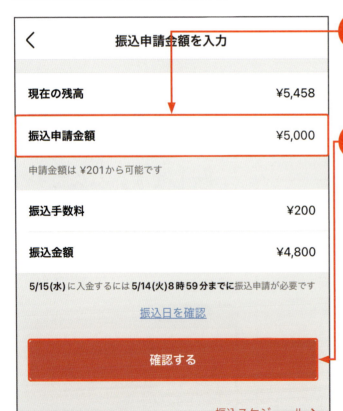

4 振込先口座を正しく入力します。

5 「次へ」をタップします。次の画面で「登録する」をタップします。

ポイント
売上金が200円以下の場合は振込申請ができません。

6 「振込申請金額」を入力します。

7 「確認する」をタップします。メッセージが表示されたら「はい」をタップします。次の画面で「振込申請をする」をタップします。

第7章

メルカリで上手に売り買いをするコツを知ろう

この章でできること

- 値下げ交渉をする
- 見栄えの良い商品写真撮影のコツを覚える
- 商品説明欄の書き方を覚える
- プロフィールを充実させる
- テンプレートを活用する

55 値下げの交渉をしよう

欲しい商品が予算を超えている場合は、出品者に値下げできないか聞いてみましょう。まとめ買いで値下げしてもらう方法もあります。

値下げをお願いするには

メルカリでは値下げ交渉は禁止されていないので、出品者に値下げを依頼できます。また、まとめ買いで値下げをお願いできる機能があるので活用しましょう。

なお、説明欄に値下げ交渉禁止と記載されている場合もあります。また、出品されたばかりの商品は値下げしてもらえない可能性が高いです。

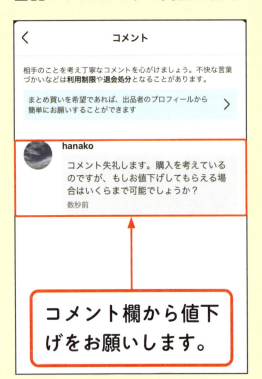

コメント欄から値下げをお願いします。

まとめ買い機能で値下げ依頼も可能です。

まとめ買いで値下げしてもらう

1 出品者のプロフィール画面を表示し、「まとめ買いをお願いする」をタップします。

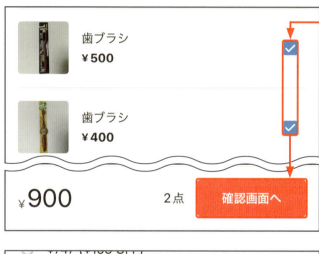

2 欲しい商品にチェックを付け、「確認画面へ」をタップします。

3 金額をタップするか、「希望金額を入力する」をタップします。

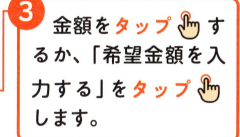

4 金額を入力します。

5 「まとめ買いをお願いする」をタップします。

第7章 メルカリで上手に売り買いをするコツを知ろう

56 商品写真を上手に載せるコツを知ろう

商品一覧にある写真の写りがよくないと興味を持ってもらえません。売れやすくするために写真を工夫しましょう。

写真の見た目で売れ行きが違ってくる

商品を探している人は、商品一覧の中から写真写りが良いものをタップしやすいです。そのため1枚目の写真は見た目を良くしましょう。また、暗い写真より明るい写真の方が印象よく見えます。明るい写真を撮るには、日中の自然光で撮るのが一番です。

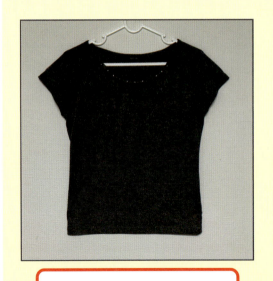

背景が白、明るい場所で撮った写真。

窓がない畳の部屋で撮った写真。

写真の明るさを補正する

1 Sec.23の手順❼の画面で写真をタップします。

ポイント
暗く写ってしまった場合は、メルカリアプリ内で明るさの補正ができます。

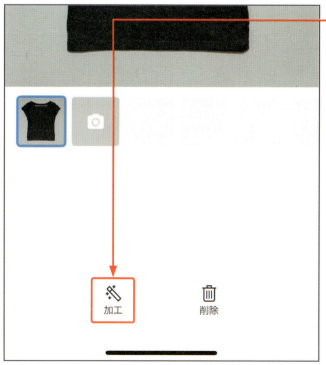

2 「加工」をタップします。

③ 「調整」を タップ して明るさを調整できます。

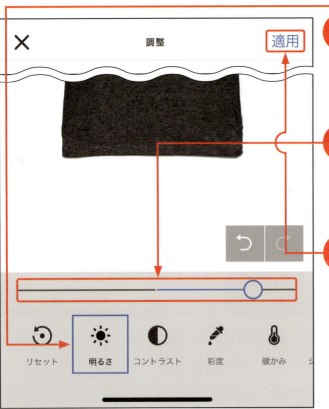

④ 「明るさ」を タップ します。

⑤ スライダーを右方向へ ドラッグ して、

⑥ 「適用」を タップ します。

写真を切り取る

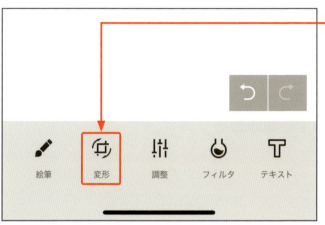

1. 「変形」を**タップ**します。

ポイント
メルカリの商品写真は正方形なので、正方形で切り取ると綺麗に収まります。

2. 「正方形」を**タップ**します。

3. 四隅と中央を**ドラッグ**して必要な部分を囲みます。

4. 「適用」を**タップ**します。次の画面で「完了」を**タップ**します。

57 商品説明に書いておくべきことを知っておこう

商品説明を詳しく記載していない商品もありますが、出品理由や商品の特徴などが書いてあった方が売れやすい傾向にあります。

出品理由は必要？

出品理由が記載されていないと「不具合があるのではないか」「怪しいところから買ったのではないか」と購入者を不安にさせてしまいます。理由を記載した方が買ってもらえます。
ただし、個人を特定できそうな情報は記載しないように注意しましょう。

> 商品の情報を入力
>
> 商品の説明 [任意]
>
> 伊勢丹で個入したコンビ肌着です。<u>子供が成長して着られなくなったため出品します。</u>
>
> 【購入場所】伊勢丹 新宿店
> 【購入時期】2020年3月
> 【定価】3,900円
> 【サイズ】80cm (身丈43cm袖丈13cm素人採寸のため若干の誤差はご了承ください)
> 【素材】綿100％
> 【商品の特徴】かわいいカニの絵柄です。涼しげで夏にぴったりです♪
>
> 172 / 1000
>
> 配送について

商品の説明欄に「子供が成長して着られなくなったため」と出品理由を記載します。

第7章 メルカリで上手に売り買いをするコツを知ろう

商品説明欄に入力すること

● 商品の状態

どの程度の傷や汚れなのかがわからない商品は敬遠されます。傷や汚れを隠して販売すると、悪い評価を付けられる場合もあるので正直に記載しましょう。

● 購入時期

購入時期が気になる人は多いです。特にコスメ、食品、試験問題集、冠婚葬祭用品などは購入時期について聞かれやすいので記載しましょう。

● 商品の性質や特徴

写真を載せてもすべては伝わらないので、商品の素材、色、模様、サイズを記載しましょう。またプリンタやスマホ、電化製品などは付属品の有無も記載しましょう。

● 定価

メルカリ利用者は、定価を超えるものは買いません。商品説明欄に定価の記載があれば調べなくても済むので、そのまま購入してもらえる可能性があります。

> **ポイント**
>
> 食品や飲料の出品は、「名称」「原材料名」「内容量」「消費（賞味）期限」「保存方法」「販売者」の撮影と掲載が必要です。また、コスメ・化粧品は、「購入時期・開封時期」、「使用期限・消費期限」、「容量（残量）」、「使用方法・使用用途」、「その他特筆すべき事項」の記載が推奨されています。

58 プロフィールを充実させて上手に取引しよう

商品を購入する際、出品者のプロフィールを確認する人が多いです。そのため自己紹介文を充実させた方が、商品に興味を持ってもらえます。

メルカリ初心者であることを書いた方がいい？

メルカリを始めたばかりの人は、取引がスムーズにいかないのは仕方のないことです。一方で、コメントの返信や発送が遅いことにイライラする人もいます。そのため、説明欄に初心者であることを記載することをおすすめします。

プロフィールの自己紹介文に、初心者で不慣れだが、良い取引を心がけていることを記載します。

プロフィール欄に記載すること

● 商品の種類

主に何を出品しているかを記載しましょう。同じジャンルの商品をたくさん出品すると、まとめ買いやリピート購入してもらえる可能性があります。

● 出品理由

なぜ出品しているのかを書くと信頼してもらえます。「子どもが着られなくなった服を出品しています」「受験が終わったので過去問を出品しています」などです。

● 発送について

発送日が決まっている場合は「発送日は月、水です」のように記載します。また、対応が遅くなりそうな人は「返信が遅れる場合があります」と記載しましょう。

● 家族にペットや喫煙者がいる場合

家族にペットや喫煙者がいる場合は、商品に毛やにおいがついてクレームにつながる場合があります。心配ならペットや喫煙者がいることを記載しておきましょう。

● その他

なるべくクレームを避けるために「素人の検品なので見落とす場合があります」「細かい点を気になさる方はご遠慮ください」と記載しておくとよいでしょう。

59 テンプレートを使ってメッセージのやり取りを楽にしよう

商品説明の入力が面倒な人もいるでしょう。特に仕事が忙しいときは時間をかけたくないはずです。そのような場合はテンプレートを活用しましょう。

例文が用意されている

商品説明を入力する手間を省くために、テンプレートが用意されています。テンプレートを編集して使ってもよいですし、オリジナルのテンプレートを作成してもかまいません。

メルカリにはじめから用意されているテンプレート（サンプル文）があります。

新しいテンプレートを作成する

1. 商品情報を入力する画面にある「出品テンプレートを使う」をタップします。

ポイント
ここでは新規のテンプレートを作成しますが、用意されているテンプレートの「編集する」をタップし、修正して使用してもかまいません。

2. 「新しいテンプレートを登録する」をタップします。

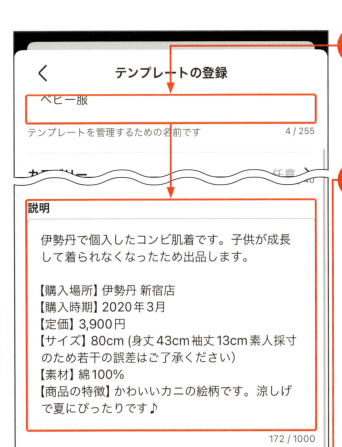

3 テンプレート名と説明文を入力🖐️します。

4 「登録する」をタップ🖐️します。

> **ポイント**
> P.203にプロフィールや説明欄で使える一言を掲載しているので参考にしてください。

5 テンプレートを作成しました。使用するときは「このテンプレートを使用する」をタップ🖐️します。

第8章

メルカリで困ったときの解決法を知ろう

この章でできること

- キャンセルについて理解する
- 購入者側のトラブル対処法を知る
- 出品者側のトラブル対処法を知る
- 評価されないときの対処法を知る
- 退会方法を知る

60 出品した商品を取り消したい

商品を出品したけれど、「やっぱり売るのを止めよう」という場合もあるでしょう。ここでは出品側からのキャンセルについて説明します。

購入される前と購入された後で対応が異なる

出品した商品が購入される前なら、商品の編集画面（Sec.27参照）にある「この商品を削除する」をタップして商品を取り下げることができます。後で出品する予定があるのなら「出品を一時停止する」をタップしましょう。

商品が購入された後、商品に問題が見つかってキャンセルする場合は、取引画面の「この取引をキャンセルする」をタップします。ただし、出品者の自己都合でキャンセルする場合は迷惑行為とみなされペナルティが課されるので注意してください。

61 購入した後にキャンセルしたい

ネットショップの場合は、購入後にキャンセルできる場合がありますが、メルカリの場合は出品者の合意を得られないとキャンセルできません。

自己都合によるキャンセルは基本的に不可

商品の購入をキャンセルしたい場合は、出品者に相談し、合意が得られれば、キャンセル処理をしてもらうことが可能です。ただし、自己都合によるキャンセルはメルカリから警告の通知が来ます。基本的にキャンセルはできないと考え、購入する際は慎重に操作しましょう。キャンセルについては、「マイページ」→「ヘルプセンター」の検索ボックスに「キャンセル方法」と入力し、候補から「取引のキャンセル方法（メルカリ）」をタップした画面を参照してください。

> ヘルプセンター
>
> どんなことでお困りですか？
>
> **取引のキャンセル方法（メルカリ）**
>
> こちらのガイドでは、取引のキャンセル方法についてご案内いたします。
> 取引キャンセルとは、取引を解除することを指し、**キャンセル申請フォーム**からの手続きが必要です。
> ※取引キャンセルには**双方の合意が必要**となるため、キャンセル申請前に取引相手へご相談ください
> ※商品を出品者へ返品する必要がある場合は、先にこちらをご参照ください

「マイページ」画面の「ヘルプセンター」を**タップ**して「取引のキャンセル方法」を検索し、キャンセルについての記載を一読しましょう。

第8章 メルカリで困ったときの解決法を知ろう

62 別の商品を送ってしまった・別の商品が届いた

同時期に複数の商品が売れた場合、間違えて別の商品を送ってしまうことがあるかもしれません。そのようなときは落ち着いて対処しましょう。

住所を聞いて返品してもらう

「間違って別の商品を送ってしまった」という場合は、取引画面のメッセージ欄から購入者に連絡し、着払いで返送してもらいます。メルカリ便の場合は匿名なので、取引画面のメッセージ欄で住所と氏名を伝える必要があります。

商品が戻ってきたら本来の商品を送ってください。メルカリ便を使えるのは、1取引につき1回のみなので、メルカリ便以外の方法で発送します。

送料を負担するのは出品者です。返送と再送の送料がかかるため、低価格のものであれば返送を省略してもかまいません。

大変申し訳ありません。

間違えて別の商品を送ってしまいました。お手数をおかけしますが、下記住所に宅急便着払いで返送していただけますか?

商品が到着しましたら本来の商品をお送りします。

◆発送先
〒162-0846
東京都新宿区市ヶ谷左内町21-13
田中花子
03-1234-5678

送り先の住所を知らせて、着払いで返送してもらいます。

63 商品が届かない

商品がなかなか届かない場合は配送中にトラブルがあったのかもしれません。メルカリ便で発送した場合は取引画面でわかります。

メルカリ便は取引画面から配送状況を確認できる

メルカリ便の場合は、取引画面に配送状況が表示されます。発送通知から5日間は待ってみてください。それでも届かない場合は取引画面の「送り状番号」をタップすると、ヤマト営業所名や郵便局名が表示されるので問い合わせましょう。
普通郵便の場合は、郵便局の「郵便物等が届かないなどの調査のお申出のホームページ(https://yubin-chousa.jpi.post.japanpost.jp/omoushide/top.do)」から調査依頼が可能です。

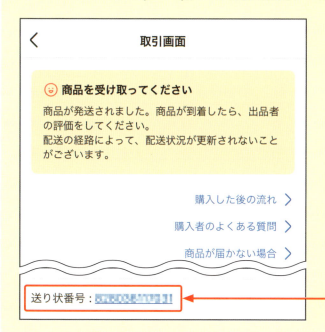

取引画面で発送状況がわかります。「送り状番号」を**タップ**して調べます。

届いた商品が壊れていた

届いた商品が壊れていたらがっかりしますが、出品者とメルカリに伝えれば返品できます。お金も戻ってくるので安心してください。

出品者とメルカリに連絡する

届いた商品が壊れていた場合は返品できます。その際、受取評価は入れないでください。

まず、購入者は出品者に商品の状態を伝え、梱包・発送時の状況を確認します。そしてメルカリ事務局に連絡します。送信する内容は、「商品の状態」「破損状況がわかる画像」「梱包がわかる画像」「梱包の外装がわかる画像」です。

「マイページ」→「ヘルプセンター」→「商品一覧へ」をタップし、問い合わせる商品をタップします。「商品に問題がある」→「届いた商品が説明文と違う/壊れている」の最下部にある「お問い合わせはこちら」をタップして送信してください。

1. 購入者が出品者に連絡します（受取評価は付けない）
2. 梱包・発送時の状況を購入者に伝えます
3. 購入者がメルカリに連絡します（「商品の状態」「破損状況がわかる画像」「梱包がわかる画像」「梱包の外装がわかる画像」を送信）

65 届いた商品を返品したいと言われた

まれに購入者から返品したいと言われることもあります。せっかく送ったのに返品となると面倒ですが、購入者に返品理由を聞いて対処しましょう。

出品者側と購入者側のどちらに問題があるかで判断する

「商品説明と違うものが届いた」「商品が破損していた」など、出品者側に問題があった場合は、返品に応じなければいけません。
一方、「間違えて購入した」「要らなくなったので返品したい」など、購入者の勝手な都合で返品はできません。メルカリの利用規約第17条3には、「弊社の故意若しくは過失に起因する場合を除き、売買のキャンセル及び商品の返品を行うことはできない」とあります。
なぜ返品したいのかを購入者に確認し、返品に応じる場合はSec.64と同じように返品手続きをおこなってください。

> メルカリの利用規約第17条3に返品について記載されています。

66 購入されたのに支払いがない

「購入されたが、代金が支払われないために発送できない」ということもあります。忙しくてすぐに支払えない人もいるので少し待ってみましょう。

購入者に支払いをお願いする

コンビニ払いやATM払いの場合、なかなか支払ってもらえない場合があります。支払い期限は購入日から3日目の23時59分59秒です。メルカリ事務局から購入者に通知が行きますが、直接確認してみましょう。それでも支払われない場合はSec.60と同様に、取引画面の下部にある「この取引をキャンセルする」をタップし、キャンセル理由を入力して、「キャンセルを申請する」をタップします。購入者はペナルティを課せられますが、出品者はペナルティがありません。

いつ頃支払ってもらえるか、購入者に聞いてみましょう。

67 受取評価がされない

メルカリでは評価を付けないと取引が完了しない仕組みになっています。購入者が評価を付けてくれない場合はどのようにすればよいか説明します。

購入者に評価をお願いする

メルカリでは、評価を付けないと売上が計上されない仕組みになっています。また、購入者が評価を付けなければ、出品者は評価を付けることができません。

メルカリ事務局からも通知が行きますが、いつまで経っても評価が付かない場合は、取引画面のメッセージ欄から「評価をお願いします」と送ってみましょう。

それでも評価を付けてくれない場合は、発送通知をした9日後の13時以降に自動的に取引が完了します。

取引画面

hanako

商品を発送いたしました。到着まで今しばらくお待ちください。商品が届きましたらご確認後に受け取り評価をお願いいたします。

3分前

こんにちは。
商品はお手元に届いていますか？
もし届いていましたら評価をお願いします。

← 評価のお願いをしてみましょう。

68 対応できない要求をされた

「半額で売ってください」「先に評価を入れてください」など、無理なことを言ってくる人もいるかもしれません。そのようなときの対処法を紹介します。

丁重に断る

メルカリ利用者の中には、無理な要求をする方もいます。対応が難しい場合、断ることも選択肢の一つです。その際、相手を不快にさせないよう注意すれば、トラブルを避けることができます。メルカリを楽しく続けるためにも、できるだけ穏便に対応するよう心掛けましょう。

やわらかい文章で返信しましょう。

メルカリを退会したい

一時的にメルカリを止めたいときには、商品の編集画面で出品を停止すればよいのですが、今後一切利用しない場合は退会することも可能です。

取引を完了してから退会する

- 出品中の商品 ➡ 削除してください。
- 取引中の商品がある場合 ➡ 取引を完了してください。
- 売却済みの商品がある場合 ➡ 最終取引メッセージから2週間を経過してから退会手続きをします。
- 売上金 ➡ 買い物で使うか振込申請しましょう。
- お支払い銀行口座 ➡ 削除します。
- 定額払いを利用している場合 ➡ 契約を解除します。
- ビットコインを利用している場合 ➡ 売却してください。

以上をクリアしたら、「マイページ」→「ヘルプセンター」→「アカウント」→「退会」の「>」をタップし、スワイプして最下部にある「退会に進む」をタップします。退会の理由を選択し、2箇所にチェックを付けて「上記に同意して退会する」をタップします。

よく使うテンプレート文章一覧

購入者のメッセージ

● **値下げしてほしいとき**

はじめまして。こちらの商品に興味があり、購入を検討しております。恐縮ですが、○○円にお値下げいただくことは可能でしょうか？よろしくお願いいたします。

● **商品の詳細を聞きたいとき**

コメント失礼します。購入を検討しているのですが、こちらの商品はいつ頃購入されたものでしょうか？また、傷の大きさについても教えてください。よろしくお願いいたします。

● **指定日までに商品が必要なとき**

はじめまして。こちらの商品を購入したいのですが、○日までに○○県へ送っていただくことは可能でしょうか。よろしくお願いいたします。

● **購入したとき**

はじめまして。とても素敵な商品だったので購入させていただきました。明日、コンビニで支払い手続きを行いますので、完了しましたら改めてご連絡いたします。どうぞよろしくお願いいたします。

● **発送メッセージの返信**

発送のご連絡ありがとうございます。とても楽しみです。商品が到着しましたら、評価欄にてご連絡しますのでよろしくお願いいたします。

● **商品に問題があったとき**

本日、商品を受け取りました。確認したところ、背面に1cm程度の傷がありました。商品説明欄には記載がなかったため返品を希望します。よろしくお願いいたします。

出品者のメッセージ

● **値引きできないとき**

コメントありがとうございます。大変申し訳ありませんが、現時点ではお値引きの予定はございません。ごめんなさい。

● **購入されたとき**

ご購入いただきありがとうございます。スムーズなお取引を心がけておりますので、最後までよろしくお願いいたします。商品は、〇日に発送する予定です。手続きが完了しましたら改めてご連絡いたします。

● **発送が完了したとき**

先ほど発送手続きを完了し、らくらくメルカリ便にて発送しました。お手元に届きましたら評価をお願いします。それでは、商品到着までもうしばらくお待ちください。

● **プロフィールや説明欄で使える一言**

- ご覧いただきありがとうございます。
- メルカリ初心者です。不慣れな点もありますが、精一杯対応いたします。
- 迅速かつ丁寧な対応を心がけています。
- 素人による検品のため、見落としがある場合があります。
- 中古品であることをご理解の上、ご購入ください。
- 日中は仕事をしているため、お返事が遅れる場合があります。
- ご不明な点がありましたら、コメント欄で質問してください。
- 最後までお読みいただき、ありがとうございます。

付録 よく使うテンプレート文章一覧

メルカリ用語集

● **独自ルール**

メルカリの公式ルールではなく、ユーザーが作ったルールのことです。「〇〇様専用」や「いいね！禁止」などがありますが、商品説明欄やプロフィール欄に記載がある場合は気を付ける必要があります。

● **〇〇様専用**

独自ルールです。値下げやまとめ買いの交渉をしているときに、商品名に「〇〇様専用」と記載されています。専用商品を購入するとトラブルに発展しやすいため、購入しないようにしましょう。

● **即購入禁止/コメなし購入禁止**

独自ルールです。「購入する際はコメント欄に『購入したい』と書いてください」という意味です。数量限定や他のフリマアプリにも出品している場合に記載されています。

● **プロフ必読**

「プロフィールにある説明文を必ず読んでください」という意味です。購入や発送に関する注意事項が記載されているので必ず読みましょう。

● **コメ逃げ禁止/質問逃げ禁止**

独自ルールです。「質問に対して回答したのに、返信がないのは困ります」という意味です。他の人が買いづらくなるため、回答のお礼を含めて返信してください。

● **ハッシュタグ/専用タグ**

説明欄に半角の「#」とキーワードを入力したものがハッシュタグです。タップすると同じハッシュタグが付いた商品が表示されます。ジャンルや出品者名などの専用ワードをハッシュタグにして、商品を分類している人もいます。

● 出品者バッジ／高評価バッジ／メルカリバッジ

出品者名の下に表示される青色のバッジです。「高評価」「まとめ買い対応の実績あり」「24時間以内発送」など、条件を満たした出品者に授与されます。

● フォロー割り

プロフィールや商品説明欄に「フォロー割り」と記載されている場合は、出品者のプロフィールにある「フォロー」ボタンをタップすると割り引きしてもらえます。その際、コメント欄で連絡が必要です。

● クーポン

不定期で「お知らせ」にクーポンが届き、購入や出品で使えます。自動で取得できるクーポンと条件が必要なクーポン（キャンペーンの参加やサービスへの申込など）があります。

● メルカリShops

メルカリ事務局が認定したショップのことで、他の商品と同様に購入できます。商品画面の上部と、出品者名の下に「メルカリShops」と記載されています。

● メルペイのあと払い

購入時にその都度支払うのではなく、翌月にまとめて支払うサービスです。貯めた売上金で支払いができます。利用上限金額を設定できるため、使い過ぎ防止にもなります。

● メルカード

株式会社メルペイが発行しているクレジットカードです。メルカリ内の買い物はもちろん、JCB加盟店でも使えます。年会費永年無料。利用するには申込が必要です。

付録 メルカリ用語集

Index

索引

記号・アルファベット

○○様専用 …………………………… 204
OPP袋 ………………………………… 143

あ行

新しい商品 …………………………… 54
厚さ測定定規 ………………………… 143
アプリのインストール ……………… 20
いいね！ ……………………………… 66
いいね！一覧 ………………………… 68
売上金 ………………………………… 126
売上金の振り込み申請 ……………… 175
売上履歴 ……………………………… 127
エコメルカリ便 ……………………… 131
お知らせ ……………………………… 31

か行

カテゴリー検索 ……………………… 56
紙袋・箱 ……………………………… 143
緩衝材（プチプチ） ………………… 143
キーワード検索 ……………………… 52
企業番号 ……………………………… 169
禁止事項 ……………………………… 48
クーポン ……………………………… 205
検索ボックス ………………………… 31
購入後のキャンセル ………………… 193
購入者を評価 ………………………… 124
コメ逃げ禁止／質問逃げ禁止 ……… 204
コメント ……………………………… 70

コメントへの返信 …………………… 111
コンビニ払い ………………………… 76
梱包・発送たのメル便 ………… 131, 162

さ行

さがす …………………………… 31, 32
残高 …………………………………… 126
下書き保存 …………………………… 102
支払い …………………………… 31, 33
写真の明るさ補正 …………………… 181
集荷 …………………………… 137, 162
住所の設定 …………………………… 38
出品 ……………………………… 31, 32
出品した商品一覧 …………………… 106
出品した商品の取り消し …………… 192
出品者の評価 …………………… 65, 82
出品者のプロフィール ……………… 62
出品者バッジ／高評価バッジ／メルカリバッジ … 205
出品理由 ……………………………… 184
詳細情報の確認 ……………………… 60
商品一覧 ……………………………… 31
商品情報の編集 ……………………… 108
商品の購入 …………………………… 72
商品の梱包 …………………………… 118
商品の出品 …………………………… 88
商品の返品 …………………………… 194
食品や飲料の出品 …………………… 185
スマリボックス ………………… 137, 141
セブン-イレブン …………… 79, 134, 166
即購入禁止／コメなし購入禁止 …… 204

た・な行

退会	201
第4種郵便	159
宅配便ロッカーPUDOステーション	136
宅急便	131, 132
宅急便コンパクト	131, 132
手数料	18, 128, 174
テンプレート	188, 202
匿名配送	88, 95
独自ルール	204
ネコポス	132, 147, 155
値下げ	178

は行

バー	31
バーコードから出品	98
配送状況の確認	195
はたらく	31, 33
ハッシュタグ/専用タグ	204
発送の通知	122
ファミリーマート	78, 133
ファミロッカー	137, 141
フォロー割り	205
ブランド名で検索	59
プロフィール	34, 186
プロフ必読	204
ホーム	31
本人確認	42

ま行

マイナンバーカード	44
マイページ	31, 33
マスキングテープ	142
まとめ買い	179
メルカード	205
メルカリ	12
メルカリShops	205
メルカリ便の送料	131
メルカリポイント	170
メルペイ	164
メルペイ残高	165
メルペイ残高で購入	172
メルペイ残高にチャージ	166
メルペイのあと払い	205

や・ら行

ヤマト営業所	132, 136
やることリスト	31, 83, 115
ゆうパケット	138
ゆうパケットプラス	139
ゆうパケットポストmini	138, 139
ゆうパック	139
ゆうゆうメルカリ便	130, 138
らくらくメルカリ便	130, 132
利用規約	48, 197
ローソン	79, 141

著者	桑名由美
本文デザイン・DTP	はんぺんデザイン
本文イラスト	小坂タイチ
カバーデザイン	田邉恵里香
カバーイラスト	カフェラテ
編集	下山航輝

技術評論社ホームページ
URL https://book.gihyo.jp/116

今すぐ使えるかんたん　ぜったいデキます！
メルカリ超入門

2024年9月20日　初版　第1刷発行
2025年6月 3日　初版　第2刷発行

著　者　桑名由美
発行者　片岡　巌
発行所　株式会社技術評論社
　　　　東京都新宿区市谷左内町21-13
　　　　電話　03-3513-6150　販売促進部
　　　　　　　03-3513-6166　書籍編集部
印刷／製本　株式会社シナノ

定価はカバーに表示してあります。

本書の一部または全部を著作権法の定める範囲を超え、無断で複写、複製、転載、テープ化、ファイルに落とすことを禁じます。

©2024　桑名由美

造本には細心の注意を払っておりますが、万一、乱丁（ページの乱れ）や落丁（ページの抜け）がございましたら、小社販売促進部までお送りください。送料小社負担にてお取り替えいたします。

ISBN978-4-297-14367-1　C3055
Printed in Japan

問い合わせについて

本書に関するご質問については、本書に記載されている内容に関するもののみとさせていただきます。本書の内容と関係のないご質問につきましては、一切お答えできませんので、あらかじめご了承ください。また、電話でのご質問は受け付けておりませんので、必ずFAXか書面にて下記までお送りください。
なお、ご質問の際には、必ず以下の項目を明記していただきますよう、お願いいたします。

1. お名前
2. 返信先の住所またはFAX番号
3. 書名
4. 本書の該当ページ
5. ご使用のOSのバージョン
6. ご質問内容

FAX

1. お名前
   技術　太郎
2. 返信先の住所またはFAX番号
   03-XXXX-XXXX
3. 書名
   今すぐ使えるかんたん
   ぜったいデキます！
   メルカリ超入門
4. 本書の該当ページ
   38ページ
5. ご使用のOSのバージョン
   iPhone 15
6. ご質問内容
   住所を設定できない。

問い合わせ先

〒162-0846 東京都新宿区市谷左内町21-13
株式会社技術評論社　書籍編集部

「今すぐ使えるかんたん　ぜったいデキます！
メルカリ超入門」質問係
FAX.03-3513-6183

なお、ご質問の際に記載いただいた個人情報は、ご質問の返答以外の目的には使用いたしません。また、ご質問の返答後は速やかに破棄させていただきます。